材料学シリーズ

堂山 昌男　小川 恵一　北田 正弘
監　修

金属電子論の基礎
初学者のための

沖　憲典　著
江口 鐵男

内田老鶴圃

本書の全部あるいは一部を断わりなく転載または
複写(コピー)することは，著作権および出版権の
侵害となる場合がありますのでご注意下さい．

材料学シリーズ刊行にあたって

　科学技術の著しい進歩とその日常生活への浸透が20世紀の特徴であり，その基盤を支えたのは材料である．この材料の支えなしには，環境との調和を重視する21世紀の社会はありえないと思われる．現代の科学技術はますます先端化し，全体像の把握が難しくなっている．材料分野も同様であるが，さいわいにも成熟しつつある物性物理学，計算科学の普及，材料に関する膨大な経験則，装置・デバイスにおける材料の統合化は材料分野の融合化を可能にしつつある．

　この材料学シリーズでは材料の基礎から応用までを見直し，21世紀を支える材料研究者・技術者の育成を目的とした．そのため，第一線の研究者に執筆を依頼し，監修者も執筆者との討論に参加し，分かりやすい書とすることを基本方針にしている．本シリーズが材料関係の学部学生，修士課程の大学院生，企業研究者の格好のテキストとして，広く受け入れられることを願う．

　　　　　　　　　　　　監修　　堂山昌男　小川恵一　北田正弘

「金属電子論の基礎」によせて

　現代社会は絶え間なく変化し，自らがもつエネルギーで激しく動いている．科学技術の進歩も留まるところを知らない．それは巨大な龍巻のように，古い技術を容赦なく消し去る．科学技術の研究が創造的破壊といわれる所以である．これに伴って，教育や研究の方法も変化を迫られている．それに応えるためには，まず，教育・研究者からの改革が必要である．良い教科書を作るのも，その一つである．本シリーズは監修者と著者が本の内容を予め十分に検討し，読者を念頭に原稿を吟味することで完成度を高め，未来に対応するように努めている．本書は学期制での教育を考慮した同じ著者の「金属物性学の基礎」に続くもので，時代の要求に応える良書である．大学での教科書として，また，研究・技術者の基礎学習書として広くお勧めする．

　　　　　　　　　　　　　　　　　　　　　　　　　　　　北田正弘

はしがき

　近年，国立大学など高等教育機関を取り巻く環境や社会的要請が大きく変わろうとしている．一つは，平成16年度に予定されている独立行政法人化であり，学長の強力なリーダーシップや民間的経営手腕など，競争原理の導入が盛り込まれている．もう一つは，国際的に通用する技術者としての認定制度，すなわち日本技術者教育認定機構（JABEE）による認定への取り組みである．いずれにしても，講義も従来のようなやりっぱなしでなく，しっかりしたシラバスをつくり，どういう目標のもとで，何をどこまでどのように教えるかが問われ，学生による授業評価も今や当り前となっている．大学全入時代を目前に控え，学生が勉強しなくなったことは事実としても，学生のレベル低下を嘆き，一方的に責任を学生側に転嫁するのではなく，教える側の意識や姿勢が問われているといえよう．

　それはともかく，「金属物性学の基礎 はじめて学ぶ人のために」を出版して，早くも3年がすぎた．記述が簡単で分かりやすいというまずまずの評判に安堵する反面，金属分野に限らず応用物理分野でも教科書として採用していただいており，責任の重さを感じている．同書は一学期間で終了することを目標としたため，金属物性学の重要な部分である金属電子論や磁性を盛り込むことができなかった．刊行当初から，これらを中心にした続刊の刊行を促されていたが，著者の職場の移動などにより，準備に想像以上の時間を取られてしまった．

　本書では，金属の自由電子論と磁性に焦点を絞った．全体を5章立てとし，**1. はじめに，2. 金属の自由電子論，3. 金属結晶中の電子 バンド理論とその応用，4. 磁性，5. 強磁性体**とした．読者は前著「金属物性学の基礎」レベルを学んでいることを前提としているが，最初に原子の構造と電子

など最低限の事項を復習し，本書だけでも取り掛かれるように配慮した．内容的には，金属の電子論および磁性をはじめて学ぼうとする学生諸君，大学の主として材料系の 2, 3 年生および高専の 3, 4 年生を念頭においている．

前著同様，初学者を対象にしているので，量子力学には立ち入らず，力学と波動論を同時に使うか，量子論の結果を直接用いた．数式については，初学者に抵抗のないように導出の途中をできるだけ省略しないように心掛け，やむをえない場合は付録にまわした．また，内容的に豊富な強磁性に関しては，改めて章を設けてやや詳しく述べた．磁性を勉強するうえで混乱のもととなる単位については，電磁気学との関連が付けやすい EH 対応 MKSA 系を採用し，付録で簡単に説明するとともに単位の換算について述べた．

本書の執筆にあたり，巻末にあげた国内外の著書を参考にさせていただいた．これらの著者に感謝の意を表します．また，パソコンによる図表作成の協力をいただいた大分工業高等専門学校 松本佳久助教授，ならびに挿絵を提供いただいた高山由加・美加姉妹に感謝いたします．

最後に，本書の執筆の機会を与えられたうえに懇切丁寧な査読をしていただいた東京芸術大学 北田正弘教授，ならびに原稿執筆に際して何度も激励をいただいた株式会社内田老鶴圃の内田学氏他の方々に心から感謝いたします．

2003 年　初夏

沖　憲典　　江口鐵男

目　次

材料学シリーズ刊行にあたって
「金属電子論の基礎」によせて

はしがき …………………………………………………………… iii

第1章　はじめに　　　　　　　　　　　　　　　　　　　　1
1.1　原子の構造と電子 ……………………………………… 2
1.2　エネルギー準位と電子配置 …………………………… 8

第2章　金属の自由電子論　　　　　　　　　　　　　　　11
2.1　自由電子 ………………………………………………… 12
2.2　電気伝導 ………………………………………………… 15
2.3　フェルミ-ディラック統計 …………………………… 20
2.4　熱電子放射 ……………………………………………… 27
2.5　金属の比熱 ……………………………………………… 29

第3章　金属結晶中の電子　バンド理論とその応用　　33
3.1　結晶中のポテンシャルエネルギー …………………… 34
3.2　周期的ポテンシャル場中の電子 ……………………… 37
3.3　ブリルアンゾーン ……………………………………… 41
3.4　有効質量，電子と正孔 ………………………………… 45
3.5　ホール効果 ……………………………………………… 48

目次

- 3.6 金属・半導体・絶縁体 …………………………………… 51
- 3.7 金属のバンド構造 ………………………………………… 53

第4章 磁　　性　　　　　　　　　　　　　　　　　　　　59

- 4.1 磁気とは ……………………………………………………… 60
- 4.2 電磁気学との関連 …………………………………………… 61
- 4.3 磁化率 ………………………………………………………… 69
- 4.4 反磁性 ………………………………………………………… 71
- 4.5 遷移元素イオンの常磁性 …………………………………… 78
- 4.6 金属の磁性 …………………………………………………… 87
- 4.7 遷移金属とその合金の磁性 ………………………………… 89

第5章 強 磁 性 体　　　　　　　　　　　　　　　　　　　95

- 5.1 強磁性体の特徴 ……………………………………………… 96
- 5.2 強磁性の統計理論と交換相互作用 ………………………… 98
- 5.3 磁区構造と異方性 …………………………………………… 106
- 5.4 磁気履歴 ……………………………………………………… 112
- 5.5 反強磁性 ……………………………………………………… 115
- 5.6 フェリ磁性 …………………………………………………… 118

付　　録

- A. オームの法則　*124*
- B. 電束密度，磁束密度　*125*
- C. フントの規則　*125*
- D. 磁場方向の原子磁気モーメントの平均値　*126*
- E. 分子場近似による自発磁化の強さの求め方　*127*
- F. 磁気異方性エネルギー（異方性と結晶方位との関係）　*128*

G. 磁気共鳴　*131*
　　H. 磁性の単位について　*134*

参 考 書 ……………………………………………………*141*
索　　引 ……………………………………………………*143*

第 1 章
はじめに

　最初に，金属の自由電子論および磁性を学ぶ準備として，原子の構造と電子との関わり，ならびに電子の基本的性質などの基礎的事項を復習する．

キーワード

原子の構造，粒子性と波動性，ド・ブロイの関係，
アインシュタイン-プランクの関係，ボーアの原子模型，
エネルギー準位，量子数，パウリの排他律

1.1 原子の構造と電子

原子は中心に位置する**原子核**(nucleus)とそれを取り巻く**電子**(electron)から構成されている。電子は$-e$の電荷と$m_0=9.109534\times10^{-31}$ kgの質量をもつ粒子である。原子核は$+e$の電荷をもつ**陽子**(proton)と電荷をもたない**中性子**(neutron)からなっている。ただし，水素原子は中性子を含まず陽子だけからなっている。ここで，eは電気素量，すなわち陽子1個がもつ電気量($e=1.6021892\times10^{-19}$ C)である。したがって，原子番号Zの原子では，$+Ze$の電荷をもつ原子核の周りに$-e$の電荷をもつ電子がZ個存在しており，全体としてみれば電気的に中性となっている。陽子および中性子の質量はほぼ同じで，電子の質量の約1800倍もあり[*1]，原子の質量は原子核に集中しているといってよい。また，原子の大きさが直径約10^{-10} mであるのに対し，原子核および電子の直径は10^{-15} m程度と非常に小さく，原子の内部はすかすかに空いた隙間だらけの空間である。

電子は質量が非常に小さいことから，**粒子性**と**波動性**の二重性が顕著に現れる。電子に限らず，すべての物質は二重性をもち，粒子とみなしたときの運動量pおよびエネルギーEと，波とみなした場合の波長λおよび振動数νの間には

$$p=\frac{h}{\lambda}, \tag{1-1}$$

$$E=h\nu \tag{1-2}$$

の関係がある。ここで，hは**プランク定数**(Planck's constant；$h=6.62608\times10^{-34}$ J•s)である。前者を**ド・ブロイ**[†1]**の関係**(de Broglie rela-

---

[*1] 陽子および中性子の質量は$m_p=1.0078250$ u，$m_n=1.0086646$ u。ただし，uは原子質量単位で1 u$=1.6605655\times10^{-27}$ kgである。

[†1] Louis Victor Pierre Raymond de Broglie (1892-1987)，フランスの物理学者．1929年ノーベル物理学賞．

tion），後者を**アインシュタイン**[†2]**-プランク**[†3]**の関係**（Einstein-Planck relation）という．

　原子内の電子は，一定の規則に従って，原子核の周りを軌道を描きながら整然と回っている．この場合，電子はその波動性から，原子に固有なとびとびのエネルギーに対応する電子軌道上を運動している（**ボーア**[†4]**の原子模型**[*2]；Bohr's atomic model）．例えば，最も構造の簡単な原子番号 $Z=1$ の水素原子は 1 個の陽子と 1 個の電子からなっており，これら両者の間には**クーロン**[†5]**引力**が働いている．電子は原子核の周りを半径 r で等速円運動しているとすると，電子の軌道半径 r_n およびその軌道を運動する電子のエネルギー E_n は

$$r_n = n^2 \frac{\varepsilon_0 h^2}{\pi m_0 e^2} = n^2 a_0, \qquad (1\text{-}3)$$

$$E_n = -\frac{1}{n^2} \frac{m_0 e^4}{8\varepsilon_0^2 h^2} = -\frac{e^2}{8n^2 \pi \varepsilon_0 a_0} \qquad (1\text{-}4)$$

で与えられる．ここで，n は n 番目の軌道（あるいは状態）を表し，ε_0 は真空の誘電率，a_0 は**ボーア半径**（Bohr radius）

$$a_0 = \frac{4\pi\varepsilon_0 \hbar^2}{m_0 e^2} = 5.29167 \times 10^{-11} \text{ m} \qquad (1\text{-}5)$$

で，$n=1$ のときの軌道半径である．ここで，$\hbar$ は h を 2π で割ったディラック[†6]の記号（$\hbar = h/2\pi = 1.05457 \times 10^{-34}$ J·s）である．軌道半径 r_n は n^2

　[†2]　Albert Einstein（1879-1955），ドイツ生まれの物理学者．1921 年ノーベル物理学賞．
　[†3]　Max Karl Ernst Ludwig Planck（1858-1947），ドイツの物理学者．1918 年ノーベル物理学賞．
　[†4]　Niels Henrik David Bohr（1885-1962），デンマークの物理学者．1922 年ノーベル物理学賞．
　[*2]　ボーアの原子模型については「金属物性学の基礎」第 1 章，p. 4 参照．
　[†5]　Charles Coulomb（1736-1806），フランスの物理学者．
　[†6]　Paul Adrien Maurice Dirac（1902-1984），イギリスの物理学者．1933 年ノーベル物理学賞．

に比例し，nとともに大きくなる．また，エネルギーE_nはn^2に逆比例しており，nが大きくなるにつれて順次増大し，nによって決まるとびとびの値をとる．これを**エネルギー準位**（energy level）という．$n=1$の状態を**基底状態**（ground state），$n≧2$の状態を**励起状態**（excited state）とよぶ．

原子内電子の状態は以下に与える量子数（n, l, m）によって指定される．

n：**主量子数**（principal quantum number）　$n=1, 2, 3\cdots$

l：**角運動量量子数**[*3]（angular momentum quantum number）
$$l=0, 1, 2, \cdots n-1$$

m：**磁気量子数**（magnetic quantum number）
$$m=0, \pm 1, \pm 2, \cdots \pm l.$$

主量子数nは電子軌道の大きさを決定する量子数である．角運動量量子数lは軌道の形を指定し，軌道運動を行う電子の角運動量の大きさを決定する．また，磁気量子数mは軌道面の方向を指定し，軌道運動する電子の角運動量の磁場方向成分を決定する．

主量子数nは正の整数値をとる．同じnをもつ電子は同じ殻（shell）にあるといい，分光学的には$n=1, 2, 3, 4\cdots$をK, L, M, N$\cdots$殻などとよぶ．このnにより決められた状態は，角運動量量子数lで指定される0から$n-1$までのn個の状態に分かれる．さらに，この状態は磁気量子数mが各lごとに$-l$から$+l$までの値をとれるので，$2l+1$個の状態に分かれる．電子のもつエネルギーは，水素原子の場合は例外的にnだけで決まったが，より一般的にはnとlで決まる．したがって，運動状態すなわち軌道（n, l, m）が異なるにもかかわらずエネルギーが同じになる場合が起こり，これを**縮退**（degeneracy）という．磁場がかかっていない場合には，磁気量子数mについては縮退している．結局，任意の殻nに含まれる状態の総数は

[*3] **方位量子数**（azimuthal quantum number）ともいう．

1.1 原子の構造と電子

$$\sum_{l=0}^{n-1}(2l+1)=n^2$$

となり，n^2 個の異なる状態が存在することになる．

主量子数 n および角運動量量子数 l の異なる状態を区別するために，n の値はそのまま数字で，l の値の代わりに $l=0,1,2,3\cdots$ に対応して，アルファベット s, p, d, f…で表すことが行われている．例えば，$n=2$ で $l=0$ の状態は 2s で表し，$n=4$ で $l=3$ の状態は 4f で表す．したがって，n, l として可能な状態（軌道）は

    1s ; 2s, 2p ; 3s, 3p, 3d, ; 4s, 4p, 4d, 4f ; 5s…

のように表記する*4．以上の約束に従い，n, l, m による状態を書き並べると

$n=1, l=0, m=0,$		(1s；1つの準位)
$n=2, l=0, m=0,$		(2s；1つの準位)
$l=1, m=-1, 0, +1,$		(2p；3つの準位)
$n=3, l=0, m=0,$		(3s；1つの準位)
$l=1, m=-1, 0, +1,$		(3p；3つの準位)
$l=2, m=-2, -1, 0, +1, +2,$		(3d；5つの準位)
$n=4, l=0, m=0,$		(4s；1つの準位)
$l=1, m=-1, 0, +1,$		(4p；3つの準位)
$l=2, m=-2, -1, 0, +1, +2,$		(4d；5つの準位)
$l=3, m=-3, -2, -1, 0, +1, +2, +3,$		(4f；7つの準位)

のようになる．

---

*4 各軌道状態のエネルギーは低い方から，1s, 2s, 2p, 3s, 3p, 4s, 3d, 4p, 5s, 4d, 5p, 6s, 4f, 5d…となっており，エネルギー準位の逆転が起こっているところがある．

表1-1 周期表と基底状態における外殻電子配置

凡例: 原子番号元素記号 / 原子量(＊印は概数) / 外殻電子配置
例: ^{1}H, 1.008, 1s

IA	IIA	IIIA	IVA	VA	VIA	VIIA	VIII		
^{1}H 1.008 1s									
^{3}Li 6.941 2s	^{4}Be 9.012 $2s^2$								
^{11}Na 22.99 3s	^{12}Mg 24.31 $3s^2$								
^{19}K 39.10 4s	^{20}Ca 40.08 $4s^2$	^{21}Sc 44.96 $4s^23d$	^{22}Ti 47.88 $4s^23d^2$	^{23}V 50.94 $4s^23d^3$	^{24}Cr 52.00 $4s3d^5$	^{25}Mn 54.94 $4s^23d^5$	^{26}Fe 55.85 $4s^23d^6$	^{27}Co 58.93 $4s^23d^7$	^{28}Ni 58.69 $4s^23d^8$
^{37}Rb 85.47 5s	^{38}Sr 87.62 $5s^2$	^{39}Y 88.91 $5s^24d$	^{40}Zr 91.22 $5s^24d^2$	^{41}Nb 92.91 $5s4d^4$	^{42}Mo 95.94 $5s4d^5$	^{43}Tc 98* $5s4d^6$	^{44}Ru 101.1 $5s4d^7$	^{45}Rh 102.9 $5s4d^8$	^{46}Pd 106.4 $4d^{10}$
^{55}Cs 132.9 6s	^{56}Ba 137.3 $6s^2$	^{57}La 138.9 $6s^25d$	^{72}Hf 178.5 $6s^25d^24f^{14}$	^{73}Ta 180.9 $6s^25d^3$	^{74}W 183.9 $6s^25d^4$	^{75}Re 186.2 $6s^25d^5$	^{76}Os 190.2 $6s^25d^6$	^{77}Ir 192.2 $6s^25d^7$	^{78}Pt 195.1 $6s5d^9$
^{87}Fr 223* 7s	^{88}Ra 226.0 $7s^2$	^{89}Ac 227.0 $7s^26d$							

^{58}Ce 140.1 $6s^25d4f^1$	^{59}Pr 140.9 $6s^24f^3$	^{60}Nd 144.2 $6s^24f^4$	^{61}Pm 145* $6s^24f^5$	^{62}Sm 150.4 $6s^24f^6$	^{63}Eu 152.0 $6s^24f^7$
^{90}Th 232.0 $7s^26d^2$	^{91}Pa 231.0 $7s^26d5f^2$	^{92}U 238.0 $7s^26d5f^3$	^{93}Np 237.0 $7s^25f^5$	^{94}Pu 244* $7s^25f^6$	^{95}Am 243* $7s^25f^7$

1.1 原子の構造と電子

							0	閉殻
							²He 4.003 $1s^2$	$1s^2$
		ⅢB	ⅣB	ⅤB	ⅥB	ⅦB		
		⁵B 10.81 $2s^22p$	⁶C 12.01 $2s^22p^2$	⁷N 14.01 $2s^22p^3$	⁸O 16.00 $2s^22p^4$	⁹F 19.00 $2s^22p^5$	¹⁰Ne 20.18 $2s^22p^6$	$2s^22p^6$
		¹³Al 26.98 $3s^23p$	¹⁴Si 28.09 $3s^23p^2$	¹⁵P 30.97 $3s^23p^3$	¹⁶S 32.07 $3s^23p^4$	¹⁷Cl 35.45 $3s^23p^5$	¹⁸Ar 39.95 $3s^23p^6$	$3s^23p^6$
ⅠB	ⅡB							
²⁹Cu 63.55 $4s3d^{10}$	³⁰Zn 65.39 $4s^23d^{10}$	³¹Ga 69.72 $4s^24p$	³²Ge 72.59 $4s^24p^2$	³³As 74.92 $4s^24p^3$	³⁴Se 78.96 $4s^24p^4$	³⁵Br 79.90 $4s^24p^5$	³⁶Kr 83.80 $4s^24p^6$	$4s^23d^{10}$ $4p^6$
⁴⁷Ag 107.9 $5s4d^{10}$	⁴⁸Cd 112.4 $5s^24d^{10}$	⁴⁹In 114.8 $5s^25p$	⁵⁰Sn 118.7 $5s^25p^2$	⁵¹Sb 121.8 $5s^25p^3$	⁵²Te 127.6 $5s^25p^4$	⁵³I 126.9 $5s^25p^5$	⁵⁴Xe 131.3 $5s^25p^6$	$5s^24d^{10}$ $5p^6$
⁷⁹Au 197.0 $6s5d^{10}$	⁸⁰Hg 200.6 $6s^25d^{10}$	⁸¹Tl 204.4 $6s^26p$	⁸²Pb 207.2 $6s^26p^2$	⁸³Bi 210.0 $6s^26p^3$	⁸⁴Po 209* $6s^26p^4$	⁸⁵At 210* $6s^26p^5$	⁸⁶Rn 222* $6s^26p^6$	$6s^25d^{10}$ $6p^6$

⁶⁴Gd 157.3 $6s^25d4f^7$	⁶⁵Tb 158.9 $6s^25d4f^8$	⁶⁶Dy 162.5 $6s^24f^{10}$	⁶⁷Ho 164.9 $6s^24f^{11}$	⁶⁸Er 167.3 $6s^24f^{12}$	⁶⁹Tm 168.9 $6s^24f^{13}$	⁷⁰Yb 173.0 $6s^24f^{14}$	⁷¹Lu 175.0 $6s^25d4f^{14}$	ランタニド
⁹⁶Cm 247* $7s^26d5f^7$	⁹⁷Bk	⁹⁸Cf	⁹⁹Es	¹⁰⁰Fm	¹⁰¹Md	¹⁰²No	¹⁰³Lr	アクチニド

1.2　エネルギー準位と電子配置

　ここまで，水素原子を例に原子の構造を述べてきたが，これらのことはもっと電子を多く含む水素原子以外の原子についても一般的にいえることである．このような固有なエネルギーをもつ軌道（あるいはエネルギー準位）を電子が占める場合，安定な原子では電子はなるべくエネルギーの低い準位に入ろうとするが，これには電子の排他性に基づく制約がある．それは《**1つの状態にはスピンの上向き，下向き2通りの電子しか入れない**》というもので，この性質を**パウリ**[†7]**の排他律**[*5]（Pauli's exclusion principle）という．電子は軌道運動のほかにもそれ自身の軸の周りに回転運動を行っており，この電子の回転運動（厳密には回転の運動量）のことを電子の**スピン**（spin）という．電子の軌道運動を惑星の公転運動にたとえると，電子のスピンはちょうど自転運動に相当するものである．電子の自転には右回りと左回りの2通りしかなく，それぞれ上向きスピン，下向きスピンとよんでいる．したがって，1つのエネルギー準位に入り得る電子の最大数はその準位に属する状態の数の2倍になる．上述のように，状態は量子数 (n, l, m) によって決まり，この状態に入り得る電子の最大数は $2(2l+1)$ 個となる．すなわち，s軌道（$l=0$）には2個，p軌道（$l=1$）には6個，d軌道（$l=2$）には10個までである．

　原子内電子のエネルギー準位と状態の数および電子が各エネルギー準位を占める様子を図1-1に示す．図中の矢印↑，↓はそれぞれ上向きおよび下向きスピンを表す．各原子における基底状態の外殻電子配置を元素の周期表と

---

　†7　Wolfgang Pauli（1900-1958），アメリカの物理学者．1945年ノーベル物理学賞．
　*5　3つの量子数 (n, l, m) にスピン量子数 s を加えて，パウリの排他律は《すべての電子はそれぞれ異なる4つの量子数 (n, l, m, s) の組で指定され，他の電子が同一の量子数をもつことはできない》ともいえる．

1.2 エネルギー準位と電子配置

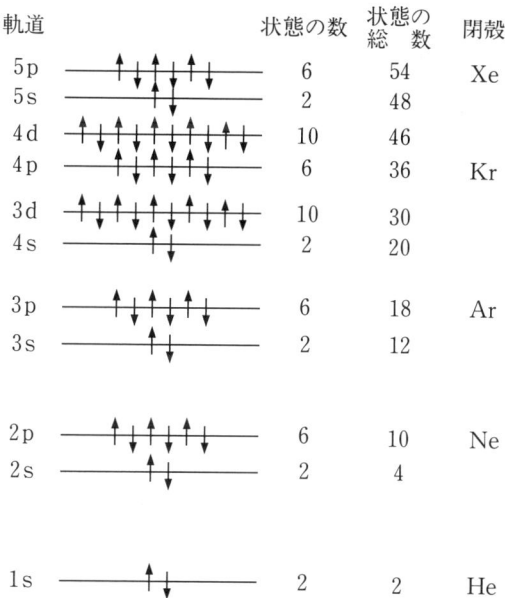

図 1-1 原子内電子のエネルギー準位と状態の数(エネルギー準位の間隔は任意)と各準位における電子配置.矢印は電子の自転の向きを示す

合わせて表1-1に示す.この表を少し詳しく見てみる.量子数 (n, l) で決められた元素のグループに最大の数の電子が含まれると,その殻は閉じている,すなわち閉殻 (closed shell) という.例えば,He:$(1s)^2$, Ne:$(2p)^6$, Ar:$(3p)^6$, …は閉殻構造をもっている.これらの閉殻をつくる電子数を周期にして元素の物理的・化学的性質に類似性が見られることから,物理的,化学的性質は閉殻の外にある軌道の電子数によって左右されることが分かる.この閉殻より外の軌道にある電子を**価電子** (valence electron) とよび,結晶内では非常に重要な役割を果たす.これについては第2章で詳しく述べる.

第2章
金属の自由電子論

　　金属の最大の特徴は，電気や熱の伝導体であることである．電気や熱をよく伝えるということは，電気やエネルギーを運ぶものが金属の中に存在し，しかも速く動いていることになる．この電気やエネルギーを運んでいる担い手は一体何であろうか？　物質は原子で構成され，その原子は原子核と電子からなっているので，まずは原子核あるいは電子がその担い手であろうと考えられる．一般に金属が固体状をなしていることを考えあわせると，原子の重心はふらふらしていないだろう．したがって，金属の中では原子核あるいは正イオンは各格子点上に存在しているが，電子は金属内を自由に動き回り，電流や熱を伝えると考えられる．

　　この章では，電子の自由な運動によって引き起こされる現象を学ぶ．

キーワード

自由電子，オームの法則，緩和時間，マティーセンの法則，フェルミエネルギー，仕事関数，フェルミ-ディラック分布，熱電子放射，金属の比熱，電子比熱

2.1 自由電子

それでは，最初に上に述べた金属内を自由に動き回れる電子がどのようにして生じるかを，代表的アルカリ金属である Na を例にとり，結晶構造から定性的な説明を試みる．第 1 章 表 1-1 から分かるように，Na の原子番号は 11 で，中性原子状態では 11 個の電子をもち，その電子配置は

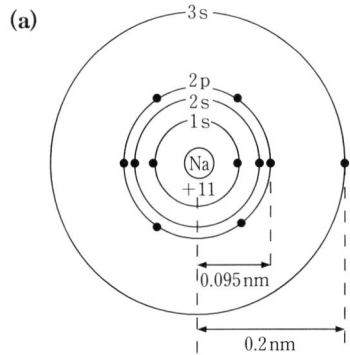

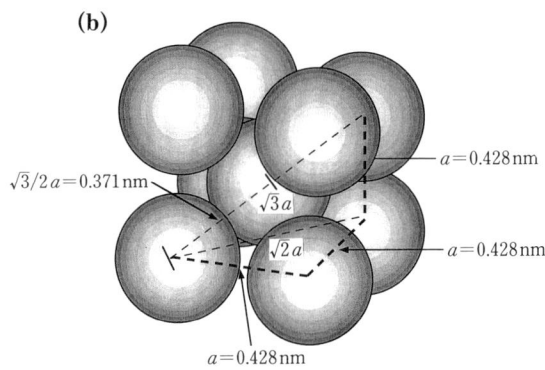

図 2-1 Na 原子の電子配置(a)と剛体球モデルによる原子間（球の中心間）距離(b)

$$\text{Na}: (1s)^2(2s)^2(2p)^6(3s)^1$$

である.

図2-1(a)にNa原子の各電子軌道における電子配置を示す.11個の電子のうち10個は,原子核の一番近くにある1s軌道に2個,その外側の2s軌道および2p軌道にそれぞれ2個および6個の電子が入って満員になり閉殻を構成している.ところが最後の1個の電子だけは閉殻に入れてもらえず,その外側の3s軌道を回っている.この電子が前述の**価電子**(valence electron)である.価電子は外からの誘惑に弱く自分の属している原子(この場合はNa原子)から容易に離脱する傾向が強く,その結果Na^+イオン(1価の正イオン)が生成する.内殻の1s,2s,2p電子はNa原子核の近くにあるので,原子核からの強いクーロン力を受け,閉殻内に安定に収まっている.したがって,これらの電子はNa^+イオンに局在しているとみなせる.2p電子の軌道半径はNa^+イオンの半径そのもので0.095 nmである.最外殻の3s電子は原子核からのクーロン引力とともに内殻の10個の電子からのクーロン斥力も受けるため,3s電子が原子核から受ける引力は弱くなり,軌道半径も0.2 nmと大きくなる.Na原子が集まってできたNa結晶は格子定数0.428 nmの**体心立方格子**(body centered cubic lattice:bcc)を構成する.この場合,原子を**剛体球**[*1]と仮定すれば,図2-1(b)に示すように,格子の隅点にある原子と体心点にある原子との距離は0.371 nm,原子半径は0.185 nmになる.したがって,隅点と体心点にある原子の3s電子の軌道は互いに重なり合い,3s電子は自分の属する原子からの引力と隣の原子からの引力を受ける.その結果,3s電子はもとの原子に属することも,また隣の原子に属することも,さらにその次の隣の原子にもと,順次これを繰り返して,結局各原子間を自由に渡り歩くことができるようになる.すなわち,内殻の10個の電子はNa^+イオンに局在し,最外殻の3s電子だけが特定の原子の周りに局在することなく原子間を渡り歩き,結晶全体を自由に

[*1] 力が加わっても変形しない理想的な物体からなる球.

動き回ることができる．このような電子を**自由電子**[*2]（free electron）という．したがって，金属は自由電子による負の電荷をもつ海の中に金属原子の芯（コア）である正イオンの島が規則正しく並んでいるような構造をもっているともみなせる．そこで，電子とイオン芯との間に働く力を無視し，電子は結晶内を自由に動けるとする取り扱いがなされた．これを**自由電子論**（free electron theory）あるいは自由電子モデルという．

枕書きで述べた金属の特性は，このような自由電子の運動から定性的に理解できる．すなわち，（1）金属が電気を通しやすい（導電率が大きい）ことは，金属内に電場があると負の電荷をもつ自由電子が電場によって容易に移動すること，（2）金属が熱を伝えやすい（熱伝導率が大きい）ことは，高温部で大きなエネルギーを得た自由電子が低温部に移動してエネルギーを放出すること，で説明できる．次節では，電気伝導について金属の自由電子論的解釈を試みる．

自由電子（負電荷）の海の中に浮かぶ正イオンの島

[*2] このような電子は電気伝導に寄与し，伝導電子（conduction electron）ともよばれる．

2.2 電気伝導

電気伝導についての最も顕著な性質は《**電流の強さ j が電場の強さ E に比例する**》という，いわゆる，**オーム**[†1]**の法則**[*3]（Ohm's law）が成り立つことであり，これは次式で表される．

$$j = \sigma E \tag{2-1}$$

ここで，比例定数 σ は**電気伝導率**（導電率）であり，電気抵抗率 ρ の逆数である（$\sigma = 1/\rho$）．

それでは，自由電子論に基づいてオームの法則を導いてみよう．単位体積あたりの個数（**数密度**）が n の自由電子（質量 m_0）の集団からなる系を考える．金属内に電場が存在せず熱平衡状態にある場合には，自由電子はその温度に相当する熱速度でランダムに飛び回って，金属正イオンと衝突を繰り返している．この場合，自由電子はあらゆる方向に運動しているので，全電子についての速度の平均値はゼロとなり，電流は流れない．

電場を加えると，図2-2に示すように，負の電荷をもつ自由電子は電場と逆方向に加速され金属格子中を格子振動している金属正イオンや，不純物原子などと衝突しながら電場と逆方向に進む．その結果，電場方向の速度成分がいくらか増加し，速度の平均が平衡値ゼロからずれてきて，電子の流れを示すようになり，電子の流れと逆方向に電流が流れる．このように，金属中を流れる電流は負の電荷をもつ自由電子の流れとして理解される．

i 番目の電子の速度を v_i，電場の作用によって生じる自由電子全体についての平均速度を v_D とする．v_D は**ドリフト速度**（drift velocity）とよばれ

$$v_D = \frac{1}{n} \sum_i v_i \tag{2-2}$$

[†1] Georg Simon Ohm (1789-1854)，ドイツの物理学者．
[*3] $V = RI$ の形をもつオームの法則（電流 I，電圧 V，電気抵抗 R）と (2-1) 式との同一性については付録A参照．

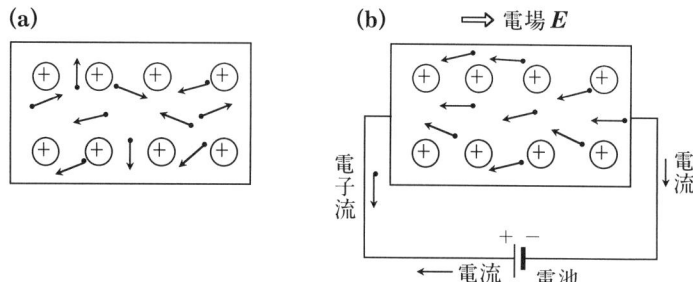

図 2-2 金属中の正イオンと自由電子の運動
熱平衡状態(a)と電場 E を加えた状態(b)

と表される.もちろん,熱平衡状態での電子の平均速度は

$$v_D = \frac{1}{n}\sum_{i=1}^{n} v_i = 0$$

である.もし,何らかの原因で自由電子の平均速度がゼロからずれると,熱運動はなるべくすべてをならしてしまう傾向をもち,やがて,系は熱平衡状態である $v_D = 0$ に落着く.この変化は

$$\frac{dv_D}{dt} = -\frac{1}{\tau}v_D \tag{2-3}$$

で表される.τ は**緩和時間**(relaxation time)とよばれ,ゼロからずれた平均速度が平衡値に近づく平均時間である.右辺のマイナス符号は,熱平衡からずれた平均速度が熱平衡に戻ろうとすることを表している.電場 E を加えると,電子は $-e$ の電荷をもっているので,各電子はいずれも $F = -eE$ だけの力を受ける.したがって,i 番目の電子に対する運動方程式は,電場による加速度は dv_i/dt と表されるので

$$m_0 \frac{dv_i}{dt} = -eE \tag{2-4}$$

で与えられる.この式に(2-2)式の関係を使えば

$$\frac{dv_D}{dt} = -\frac{e}{m_0}E \tag{2-5}$$

2.2 電気伝導

が得られる．このように，電場 E は自由電子の平均速度 v_D をゼロからはずそうとするし，その温度での熱運動はゼロからはずれた平均速度 v_D をゼロに戻そうとする．これら両方の効果が同時に働き，運動方程式は

$$\frac{d v_D}{dt} = -\frac{1}{\tau} v_D - \frac{e}{m_0} E \tag{2-6}$$

となる．やがて電場正のもとでの新しい熱平衡状態が現れる．平衡状態では

$$\frac{d v_D}{dt} = 0 \tag{2-7}$$

が成り立つので，このときの電子の平均速度 v_D として

$$v_D = -\frac{e\tau}{m_0} E \tag{2-8}$$

が得られる．ここでは，数密度 n の自由電子の集団を考えているので，単位体積あたり電荷 $-e$ をもつ電子が n 個あることになる．一様な電場 E による電流密度（単位時間に単位面積を流れる電気量）j はドリフト速度 v_D と逆方向であり

$$j = -en v_D = (-e)^2 \frac{n\tau}{m_0} E \tag{2-9}$$

で与えられる．この関係は電流密度が電場に比例していることを表しており，とりもなおさずオームの法則である．したがって，電気伝導率 σ あるいは電気抵抗率 ρ は

$$\sigma = \frac{e^2 n \tau}{m_0}, \quad \rho = \frac{m_0}{e^2 n \tau} \tag{2-10}$$

と求められる．これらの式より，電子の数密度 n が大きいほど，緩和時間 τ が長いほど，また電子の質量 m_0 が小さいほど，電気伝導率 σ は大きく，抵抗率 ρ は小さいことが分かる．さらに，σ が $(-e)^2$ に比例していることに注意してほしい．$(-e)^2 = (+e)^2$ なので，σ は電流を運ぶ粒子（キャリアー）の電荷の符号によらないことも分かる．これについては次章で述べる．

また，ドリフト速度 v_D は電場 E に比例するので，

$$v_D = -\mu E, \quad \mu = \frac{e}{m_0} \tau \tag{2-11}$$

と表される*4. この比例定数 μ を**移動度**（mobility）とよぶ. μ は τ が大きいほど, また m_0 が小さいほど大きくなり, 大きな電流が流れる.

　加速された電子は正イオンや不純物原子と衝突（散乱）する際に電場から得たエネルギーを相手に与え, 自分自身は熱平衡のときの速度に戻るため, 電流は無限に大きくならずある一定値にとどまる. この散乱による電子の運動に対する妨害の強さで電気抵抗の大きさが決まる.

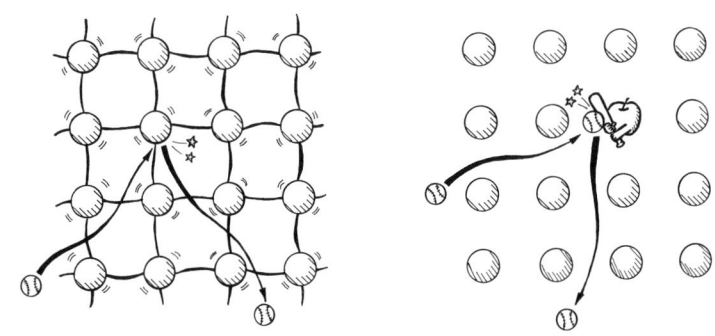

自由電子の散乱の原因（格子振動と不純物原子）

　金属中の自由電子は大別して2つの原因：(1)結晶格子の熱振動（格子振動），および(2)格子不整，欠陥，転位，不純物原子，によって衝突を起こす. i 番目の原因による散乱時間（緩和時間）を τ_i とすると, この原因により電子は平均して τ_i 秒間に1回衝突する. これは相対的な散乱確率が1秒間に $1/\tau_i$ であることを意味する. いろいろな原因による散乱がそれぞれ独立に起こるとすれば, 全体の散乱確率は

$$\frac{1}{\tau} = \sum_i \frac{1}{\tau_i} \tag{2-12}$$

と表される. この τ を合成散乱時間（**合成緩和時間**）という. 格子の熱振

---

*4　室温の Cu では $\sigma = 5.9 \times 10^7 /\Omega \mathrm{m}$, $n = 8.4 \times 10^{28} /\mathrm{m}^3$ なので, $\tau = 2.5 \times 10^{-14}$ s 程度である.

2.2 電気伝導

動による原因(1)の散乱時間を τ_{Ph},温度によらない原因(2)による散乱時間を τ_R とすると,全体の散乱確率は

$$\frac{1}{\tau}=\frac{1}{\tau_{Ph}}+\frac{1}{\tau_R}$$

となる.抵抗率 ρ は(2-10)式より $\rho=m_0/e^2n\tau$ で表されるので

$$\rho_{Ph}=\frac{m_0}{e^2n\tau_{Ph}}, \quad \rho_R=\frac{m_0}{e^2n\tau_R}$$

とすると,合成抵抗率 ρ は

$$\rho=\rho_{Ph}+\rho_R \tag{2-13}$$

となる.このように,合成抵抗率は種々の散乱原因による抵抗率の和で表される.これを**マティーセン**[†2]**の法則**(Matthiessen's law)という.

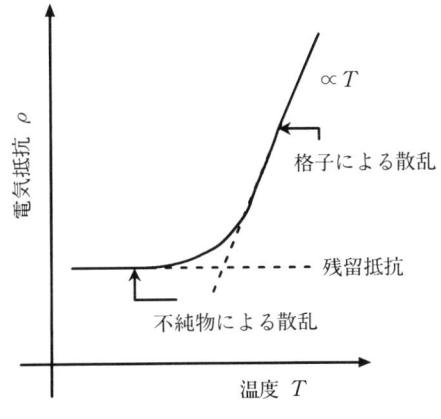

図 2-3 電気抵抗-温度曲線

格子振動による抵抗は絶対零度でゼロになるが,実際の結晶には不純物や何らかの格子欠陥が必ず含まれており,図2-3に示すように,一般に絶対零度でも抵抗はゼロにならない.この残っている抵抗を**残留抵抗**(residual resistivity)とよび,これは ρ_R に対応する.

[†2] A. B. Matthiessen,イギリス.

2.3 フェルミ-ディラック統計

一般に，運動量 p の電子のエネルギーは

$$E = \frac{p^2}{2m_0} + V(x, y, z) \qquad (2\text{-}14)$$

で与えられる．この式の第1項 $p^2/2m_0 = m_0 v^2/2$ は運動エネルギー，第2項 $V(x, y, z)$ は位置エネルギーである．ここで簡単のため，金属内を運動する自由電子は力を受けないとすると，位置エネルギーは一定であり，その結果運動エネルギーも一定となる．原子は金属の外には飛び出せないので，力のポテンシャルは図2-4のようであると考えてよい．すなわち，電子は金属内

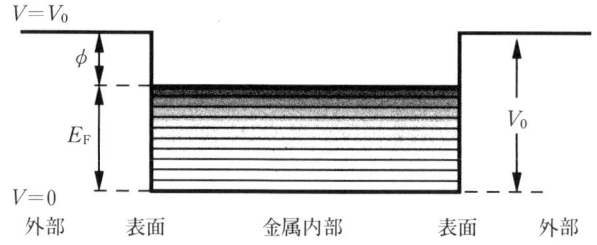

図 2-4　ポテンシャル箱の中に入った電子ガス
V_0：ポテンシャル深さ，E_F：フェルミエネルギー，ϕ：仕事関数

では一定のポテンシャルの中で運動するが，金属表面を境にして外側は内側よりポテンシャルが V_0 だけ高くなっているため，表面はポテンシャルの壁であり，そこで電子は跳ね返され外に飛び出すことはできない．したがって，電子は箱型のポテンシャルの中に閉じ込められた一種の気体（電子ガス）とみなすことができる．ただし，この電子ガスの数密度は普通の気体（常温常圧で 22.4 l）に比べて桁違いに大きい．すなわち，Na や Ag などの1価金属では各原子から1個ずつの自由電子が出るので，数密度は原子の数密度に等しくなり，Ag の場合で普通の気体の2千倍程度もある．ポテン

シャルの深さ V_0 は金属薄膜への電子線照射実験から求められる．例えば，Ni では 14.8 eV，Cu で 11.7 eV である[*5]．

このように，電子はポテンシャル箱に詰められたガスと考えてよいが，普通のガスとは非常に異なる面をもっている．それは電子の排他性，すなわち，前述の**パウリの排他律**（Pauli's exclusion principle）によるものである．したがって，絶対零度（$T=0$ K）でもエネルギー $E=0$ の状態にすべての電子が入っているわけではなく，その状態（エネルギー準位）に 2 個，その上のエネルギー準位に 2 個という具合に段々と積み重なって入り，ある高さの運動エネルギー E_F のところまで電子が詰まっている．電子によって占められた最高のエネルギー準位を**フェルミ**[†3]**準位**（Fermi level），そのエネルギー E_F を**フェルミエネルギー**（Fermi energy）とよんでいる．いろいろな物質のフェルミエネルギー E_F を次に示す．E_F の数値は大体 2 から 12 eV の範囲にある．

Na：3.2　Cs：1.6　Cu：7.0　Au：5.5
Mg：7.1　Fe：11.1　Al：11.7　Pb：9.5　[eV]

また，ポテンシャルの深さ V_0 とフェルミエネルギー E_F との差

$$V_0 - E_F = \phi \tag{2-15}$$

を**仕事関数**（work function）という．これはフェルミ準位にある電子をポテンシャルの外まで取り出すためのエネルギーに相当する．したがって，**《仕事関数は金属結晶内にある電子を金属外部に取り出すのに要する最小エネルギー》**ともいえる．仕事関数 ϕ は金属表面からの光電効果などで測定できる．種々の金属の多結晶表面に対して実験的に求められた仕事関数の値は以下のようである．

[*5]　電子ボルト；1 eV $=1.602\times10^{-19}$ J（電子と同じ電荷 e をもった粒子が 1 volt の電位差で加速されたときに与えられるエネルギー）．

[†3]　Enrico Fermi (1901-1954)，イタリア（のちアメリカ）の物理学者．1938 年ノーベル物理学賞．

Na：2.75, Cs：2.14, Al：4.28, W：4.55,
Ni：5.15, Pt：5.65, Cu：4.3, Au：5.1 [eV]

　フェルミとディラックは電子がそれぞれ互いに区別できないことと，パウリの排他則を考慮して，電子が従う統計法則を導き出した．これは温度 T において，エネルギー E の状態に電子を見出す確率 $f(E)$ が

$$f(E)=\frac{1}{e^{(E-E_\mathrm{F})/k_\mathrm{B}T}+1} \tag{2-16}$$

で与えられるというものである．ここで，E_F はフェルミエネルギー，k_B は**ボルツマン[†4]定数**（Boltzmann constant；$k_\mathrm{B}=1.38066\times 10^{-23}$ J/K）である．この関係式を**フェルミ-ディラックの分布関数**（Fermi-Dirac distribu-

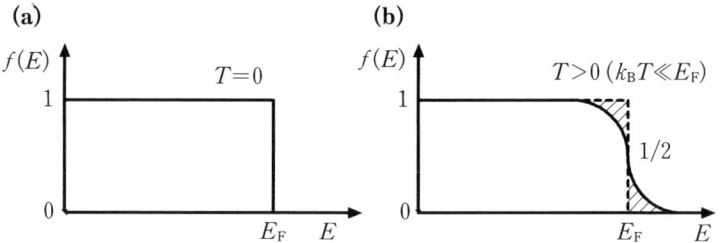

図 2-5　フェルミ-ディラックの分布関数 $f(E)$
　　　（a）$T=0$，（b）$T>0$

tion function）あるいは簡単にフェルミ分布関数とよんでいる．ここで，フェルミ-ディラック分布関数の大体の様子を述べる．もし，エネルギー準位 E が電子によって完全に占められていれば $f(E)=1$ で，完全に空であれば $f(E)=0$ となる．

　$T=0$ においては，$E<E_\mathrm{F}$ では $f(E)=1$ で，$E>E_\mathrm{F}$ では $f(E)=0$ とな

[†4]　Ludwig Eduard Boltzmann（1844-1906），オーストリアの理論物理学者．

り[*6]，図2-5(a)のような階段状の分布になる．すなわち，$T=0$ ではエネルギーがフェルミエネルギー E_F より低いエネルギー準位は完全に電子によって占められているが，それより上の準位はすべて空である．すなわち，金属内電子は低いエネルギー準位からパウリの排他則に従って順次埋めていき，ちょうど E_F のところまで充満している．$T>0$ では，フェルミエネルギー E_F 付近の電子が熱エネルギーの一部をもらって上のエネルギーの高い状態に飛び上がるので，図(b)のように階段状の分布がくずれてくる．$E=E_F$ で $f(E)=1/2$ になり[*7]，E_F をはさんだ上下の斜線をつけた部分の面積は等しくなる．すなわち，E_F よりエネルギーの高くなった電子数は E_F よりエネルギーの低いところから移った電子数に等しい．さらに，$k_B T \gg E_F$ の条件下では分布関数は $f(E)=\exp\{-(E-E_F)/k_B T\} \approx A \exp(-E/k_B T)$ の形になり，古典分布いわゆるボルツマン分布（Boltzmann distribution）に近くなる．

　フェルミ-ディラックの分布関数は1個の電子がエネルギー状態を占有する確率を与えるだけなので，これだけではあるエネルギーをもつ電子がどれぐらいあるかについては分からない．エネルギー E をもつ電子の数を知るためには，その系の中で考えているエネルギーに対応する状態の数も同時に知る必要がある．この状態の数とその占有確率とを掛け合わせることによって対応する電子の数を求めることができる．すなわち，エネルギーが E と $E+dE$ との間にある状態の数を $Z(E)dE$ とすれば，その状態に入っている電子の数は

$$dN = Z(E)f(E)dE \qquad (2\text{-}17)$$

と表せる．$Z(E)$ は状態密度とよばれ，ここではスピンの違いによる状態の差異も入れている．したがって，エネルギー E の状態に入っている自由電

　[*6] $T \to 0$ のとき $E < E_F$ では $(E-E_F)/k_B T \to -\infty$，したがって $f(E) \to 1/(0+1)=1$，また $E > E_F$ では $E-E_F/k_B T \to +\infty$，$f(E) \to 1/(\infty+1)=0$．
　[*7] $E=E_F$ のとき $(E-E_F)/k_B T=0$，したがって $f(E)=1/(\exp(0)+1)=1/2$．

子の総数 N は

$$N=\int_0^\infty Z(E)f(E)\mathrm{d}E \tag{2-18}$$

で与えられる．これらの(2-16)，(2-17)式によって，フェルミエネルギー E_F が電子数 N と温度 T の関数として決まる．T があまり大きくなければ，温度による E_F の変化は小さいことが分かっている．

次に，エネルギーが E と $E+\mathrm{d}E$ との間にある状態の数 $Z(E)\mathrm{d}E$ を求める．自由電子のエネルギー E は

$$E=\frac{p^2}{2m_0}=\frac{1}{2m_0}(p_x{}^2+p_y{}^2+p_z{}^2) \tag{2-19}$$

で表されるので，これを次式のように変形する．

$$p_x{}^2+p_y{}^2+p_z{}^2=(\sqrt{2m_0E})^2 \tag{2-19'}$$

この式は図 2-6 からも明らかなように，p_x, p_y, p_z を座標軸にとった**運動量空間**（以後 **p 空間**とよぶ）における半径 $\sqrt{2m_0E}$ の球を表している．このことは p 空間における半径 $\sqrt{2m_0E}$ の球の表面はいずれもエネルギー E をもっており，この球に含まれる p_x, p_y, p_z の組（すなわち格子点）の数だけの状態が存在することを意味している．すなわち，自由電子の状態は p 空間内の 1 点で表されることになる．したがって，p 空間での半径 $\sqrt{2m_0E}$

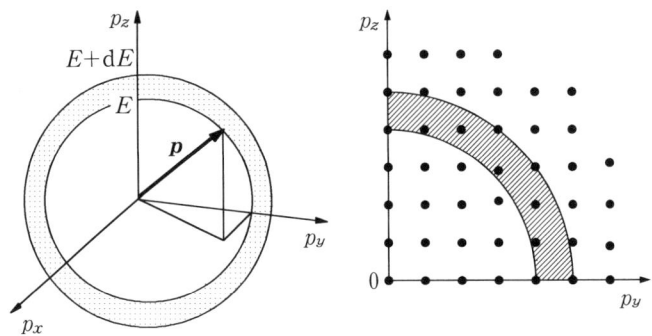

図 2-6　運動量空間（p 空間）と状態の数
電子の状態は p 空間内の 1 点で表される

2.3 フェルミ-ディラック統計

の球面と半径 $\sqrt{2m_0(E+\mathrm{d}E)}$ の球面との間の体積がエネルギーが E と $E+\mathrm{d}E$ との間にある状態の数に比例する。p 空間の球殻の体積は

$$\frac{4\pi}{3}[\sqrt{2m_0(E+\mathrm{d}E)}]^3 - \frac{4\pi}{3}[\sqrt{2m_0 E}]^3 \simeq \frac{4\pi}{3}(\sqrt{2m_0})^3 E^{1/2}\frac{3}{2}\mathrm{d}E$$
$$= 2\pi(2m_0)^{3/2}E^{1/2}\mathrm{d}E$$

と求められる。実際の結晶の大きさは座標空間（q 空間とよぶ）の体積 V であるので，状態の数は

$$\frac{1}{h^3} \times 2 \times (p\text{空間の体積}) \times (q\text{空間の体積}) = \frac{2}{h^3} \times (\text{位相空間の体積})$$

で与えられる。ここで，h はプランク定数，数字 2 はスピンの状態に対応させるためのものである。したがって，エネルギーが E と $E+\mathrm{d}E$ との間にある状態の数 $Z(E)\mathrm{d}E$ は

$$Z(E)\mathrm{d}E = \frac{2}{h^3} \times 2\pi(2m_0)^{3/2}E^{1/2}\mathrm{d}E \times V = \frac{4\pi V(2m_0)^{3/2}}{h^3}E^{1/2}\mathrm{d}E \quad (2\text{-}20)$$

と求められる。また，**状態密度** $Z(E)$ は

$$Z(E) = aE^{1/2}, \quad \text{ただし，} \quad a = \frac{4\pi V(2m_0)^{3/2}}{h^3} \quad (2\text{-}21)$$

と表される。この式は結晶内での自由電子のエネルギー分布を表す。

ここで，フェルミエネルギー E_F を決定しておく。E_F は実際には温度 T に依存するので，絶対温度（$T=0$）におけるフェルミエネルギー $E_\mathrm{F}(0)$ を考える。

前述のように，エネルギー E の状態に入っている自由電子の総数 N は (2-18)式で与えられるが，$f(E)$ は $E \leq E_\mathrm{F}(0)$ では $f(E)=1$，$E \geq E_\mathrm{F}(0)$ では $f(E)=0$ なので，積分は $E_\mathrm{F}(0)$ まで行えばよい。

$$N = \int_0^{E_\mathrm{F}(0)} Z(E)\mathrm{d}E = a\int_0^{E_\mathrm{F}(0)} E^{1/2}\mathrm{d}E$$
$$= \left[\frac{a}{3/2}E^{3/2}\right]_0^{E_\mathrm{F}(0)} = \frac{2a}{3}E_\mathrm{F}(0)^{3/2}.$$

これから

$$E_\mathrm{F}(0) = \left[\frac{3N}{2a}\right]^{2/3} \tag{2-22}$$

が得られるが，右辺の括弧の中 $3N/2a$ は

$$\frac{3N}{2a} = \frac{3h^3}{8\pi(2m_0)^{3/2}} \cdot \frac{N}{V} = \frac{3n}{8\pi}\left(\frac{h}{\sqrt{2m_0}}\right)^3$$

で表される．ここで，$n\ (=N/V)$ は単位体積あたりの電子密度（数密度）である．結局，$T=0$ におけるフェルミエネルギー $E_\mathrm{F}(0)$ として

$$E_\mathrm{F}(0) = \frac{h^2}{2m_0}\left(\frac{3n}{8\pi}\right)^{3/2} \tag{2-22'}$$

を得る．

次に，$T=0$ における電子の平均のエネルギー $\langle E(0) \rangle$ を求めてみる．一般に，電子の平均のエネルギー $\langle E \rangle$ は次式で与えられる．

$$\langle E \rangle = \frac{1}{N}\int_0^\infty E \cdot Z(E) \cdot f(E)\mathrm{d}E \tag{2-23}$$

この場合も，電子が $E_\mathrm{F}(0)$ まで詰まっていることと，(2-21)式の関係を考慮すれば，$\langle E(0) \rangle$ は

$$\begin{aligned}\langle E(0) \rangle &= \frac{a}{N}\int_0^{E_\mathrm{F}(0)} E \cdot E^{1/2}\mathrm{d}E = \frac{a}{N}\int_0^{E_\mathrm{F}(0)} E^{3/2}\mathrm{d}E \\ &= \frac{a}{N}\frac{E_\mathrm{F}(0)^{5/2}}{5/2} = \frac{2a}{5N}E_\mathrm{F}(0)^{5/2}\end{aligned}$$

となるが，(2-22)式を書き換えた

$$2a = \frac{3N}{E_\mathrm{F}(0)^{3/2}}$$

を代入すると

$$\langle E(0) \rangle = \frac{3N}{5NE_\mathrm{F}(0)^{3/2}}E_\mathrm{F}(0)^{5/2} = \frac{3}{5}E_\mathrm{F}(0) \tag{2-24}$$

を得る．また，この式に(2-22′)式を代入して

$$\langle E(0) \rangle = \frac{3}{5}E_\mathrm{F}(0) = \frac{3h^2}{10m_0}\left(\frac{3n}{8\pi}\right)^{3/2} \tag{2-24'}$$

とも表せる．この結果は，電子は最低のエネルギー準位からフェルミエネルギーまで順番に占有しているが，$T=0$ における電子のエネルギーは平均し

てフェルミエネルギー $E_F(0)$ の 6 割になることを示している．したがって，電子の全エネルギーは

$$E(\text{total}) = N\langle E(0)\rangle = \frac{3}{5}NE_F(0)$$

となる．

　一方，$T>0$ では E_F および $\langle E(0)\rangle$ ともに多少複雑になる．この場合には，電子の総数は (2-18)，(2-16)，(2-21) 式より

$$N = \int_0^\infty \frac{aE^{1/2}}{e^{(E-E_F)/k_BT}+1}\,dE$$

で表され，これよりフェルミエネルギーとして

$$E_F = \frac{h^2}{2m_0}\left(\frac{3n}{8\pi}\right)^{2/3}\left[1-\frac{\pi^2}{12}\left(\frac{k_BT}{E_F(0)}\right)^2\right] = E_F(0)\left[1-\frac{\pi^2}{12}\left(\frac{k_BT}{E_F(0)}\right)^2\right] \quad (2\text{-}25)$$

が得られる．また，エネルギーの平均値は (2-21)，(2-16)，(2-19) 式より

$$\langle E\rangle = \frac{1}{N}\int_0^\infty \frac{aE^{3/2}}{e^{(E-E_F)/k_BT}+1}\,dE = \frac{3h^2}{10m_0}\left(\frac{3n}{8\pi}\right)^{2/3}\left[1+\frac{5\pi^2}{12}\left(\frac{k_BT}{E_F(0)}\right)^2\right]$$

$$= \frac{3}{5}E_F(0)\left[1+\frac{5\pi^2}{12}\left(\frac{k_BT}{E_F(0)}\right)^2\right] \quad (2\text{-}26)$$

と表される．フェルミエネルギー E_F および平均エネルギー $\langle E\rangle$ ともに温度に依存して変化することが分かる．しかし，室温付近（$T=300$ K）では第 2 項中の $(k_BT/E_F(0))^2$ はかなり小さい値になる．したがって，普通には E_F はほぼ一定として取り扱っても問題はない．一方，平均エネルギー $\langle E\rangle$ の方は温度に依存する部分が重要な役割を果たす．

2.4　熱電子放射

　これまでの議論で，金属内では電子がほとんど自由に運動していることが分かった．金属の表面にはポテンシャルの壁があって，普通には電子は外には飛び出すことができない．しかし，前節で述べたように，温度が高くなると (2-16) 式からも分かるように，大きなエネルギーをもつ電子の数が増えて

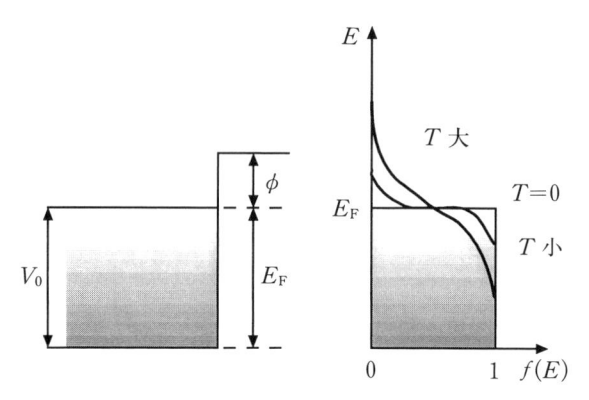

図 2-7 熱電子放射の原理図
E：エネルギー，$f(E)$：分布関数，E_F：フェルミエネルギー，ϕ：仕事関数

くる．すなわち，温度が高くなるにつれて，フェルミ分布の裾野が広がり $E=U$ のあたりまで伸びてきて，一部の電子がポテンシャルの壁 V_0 を越えて外に飛び出してくるようになる．これを**熱電子放射**（thermionic emission）という．この間の様子を図 2-7 に示す．

フェルミ分布を用いた計算によれば，金属表面の単位面積あたりの放出電流密度は

$$J=\frac{4\pi m_0 e k_\mathrm{B}^2}{h^3}T^2\exp\left(-\frac{\phi}{k_\mathrm{B}T}\right)=AT^2\exp\left(-\frac{\phi}{k_\mathrm{B}T}\right) \quad (2\text{-}27)$$

で与えられる．ここで，A は定数（$A=1.2\times10^6$ A/m²），ϕ は前述の仕事関数である．この式を金属からの熱電子放出を表す**リチャードソン**[†5]**-ダッシュマンの式**（Richardson-Dushman equation）とよぶ．両辺の対数をとって

$$\log J=2\log T-\frac{\phi}{k_\mathrm{B}T}+\mathrm{const.} \quad (2\text{-}27')$$

[†5] Owen Williams Richardson（1879-1959），イギリスの物理学者．1928 年ノーベル物理学賞．

この式と実験との比較から，仕事関数 ϕ が求まる．

2.5 金属の比熱

金属の場合，金属正イオンが各格子点で格子振動を行っているとともに，自由電子が結晶内を飛び回っているので，内部エネルギーは
$$U = U(\text{lattice}) + U(\text{free electron}) \tag{2-28}$$
と表せる．ここで，$U(\text{lattice})$ および $U(\text{free electron})$ は格子振動および自由電子による内部エネルギーを意味する．したがって比熱も両者に依存し
$$C_v = C_v(\text{lattice}) + C_v(\text{free electron}) \tag{2-29}$$
で与えられる．格子振動に基づく比熱は**デバイ**[†6]**の理論**[*8]により
$$C_v(\text{lattice}) = 9Nk_B \left(\frac{k_B T}{\hbar \omega_D}\right)^3 \int_0^{\hbar \omega_D / k_B T} \frac{x^4 e^x}{(e^x - 1)^2} dx, \tag{2-30}$$
で表される．特に $T < \theta$（デバイ温度）の温度域では
$$C_v(\text{lattice}) = \alpha T^3, \quad \alpha = \frac{12\pi^4 N k_B}{5\theta^3} \tag{2-30'}$$
で表されることが分かっている．

一方，自由電子による比熱の部分は，前節の結果(2-26)式を用いて，以下のようにして求められる．自由電子の全エネルギーは，N を原子数，Z を価数とすれば
$$U = ZN\langle E \rangle = \frac{3}{5} ZNE_F \left[1 + \frac{5\pi^2}{12}\left(\frac{k_B T}{E_F}\right)^2\right] \tag{2-31}$$
で与えられるので，電子による比熱は
$$C_v(\text{electron}) = \frac{\partial U}{\partial T} = \frac{3}{5} ZNE_F \frac{5\pi^2}{12} \frac{k_B^2}{E_F^2}(2T) = \frac{\pi^2 ZN k_B^2}{2E_F} T \tag{2-32}$$
と表される．したがって，**電子比熱**は

[†6] Peter Joseph Wilhelm Debye (1884-1966)，オランダ生まれのアメリカの物理学者，化学者．1936年ノーベル化学賞．

[*8] デバイの比熱理論に関しては，「金属物性学の基礎」第4章，p.91参照．

$$C_v(\text{electron}) = \gamma T, \quad \gamma = \frac{\pi^2 Z N k_B^2}{2E_F} \tag{2-32'}$$

となる．結局，**金属の低温比熱**は

$$C_v = \alpha T^3 + \gamma T \tag{2-33}$$

とまとめることができる．γ の値は非常に小さいので，低温において初めて比熱に効いてくる．

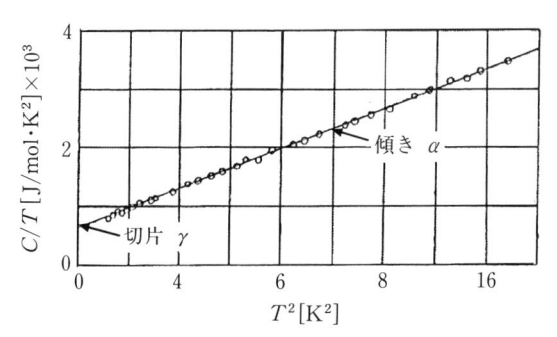

図2-8 C/T 対 T^2 の関係（Agの低温比熱）
直線の傾きから α が，切片から γ が求まる

　実験値と比較する際には，一般に金属の熱膨張係数は小さいので，定圧比熱 C_p でもって定積比熱 C_v に代用させる．C/T を T^2 の関数としてプロットすると，図2-8のような直線に乗る．得られた直線が縦軸を切る点（切片）から γ が，直線の傾きから α が得られる．このようにして得られた種々の金属に対する γ の実測値を表2-1に示す．最後のコラムは電子比熱の測定値と自由電子との比を熱的有効質量（thermal effective mass）m_{th} と自由電子の質量 m_0 との比，すなわち $m_{th}/m_0 = \gamma$（測定値）$/\gamma$（自由電子の値）で表したものである．これについては，3.4節，有効質量で詳しく述べる．

2.5 金属の比熱

表 2-1 種々の金属の γ（実測値）と有効質量

金 属	γ (mJ/mol·K^2)	価 数	m^*/m
Na	1.38	1	1.26
Cu	0.695	1	1.38
Ag	0.646	1	1.0
Au	0.729	1	1.14
Be	0.17	2	0.34
Mg	1.3	2	1.3
Zn	0.64	2	0.85
Al	1.35	3	1.48
In	1.69	3	1.37
Tl	1.47	3	1.14
La	10	3	4.3*
αFe	4.98	2.1	12*
Co	4.73	1.6	14*
Ni	7.02	0.6	28*

第 3 章

金属結晶中の電子 バンド理論とその応用

　前章では，価電子が結晶内を自由に運動するという自由電子論の立場にたって金属の性質を見てきた．一つ一つの原子が孤立した状態では，とびとびのエネルギー準位にあったものが，原子が集まって結晶になるとエネルギーバンドをつくることが知られている．原子が規則的に並んでいる結晶内では，周期的なポテンシャルの場が形成される．そこでは，電子はどのように運動し，その結果どのような現象が起こるのだろうか？
　この章では，これらの問題をみていく．

キーワード

周期的ポテンシャル，エネルギーバンド（エネルギー帯），許容帯と禁止帯，伝導帯と価電子帯，ブリルアンゾーン，有効質量，電子と正孔，ホール効果

3.1 結晶中のポテンシャルエネルギー

孤立している水素原子では，原子核から距離 r にある電子のクーロン引力による位置エネルギー（ポテンシャルエネルギー）V は

$$V = -\frac{e^2}{4\pi\varepsilon_0 r} \tag{3-1}$$

で与えられる[*1]．ここで，e および ε_0 は前述の電気素量（この場合電子の電荷の大きさ）および真空の誘電率である．水素原子から電子が飛び出しイオン化（または電離）したとき，この電子は真空中に存在していることになり，無限遠（$r=\infty$）に離れたときのポテンシャルエネルギーはゼロ（$V=0$）となる．この無限遠のポテンシャル値を**真空準位**とよぶ．このようなポテンシャル場の中を運動する電子が取り得るエネルギーは(1-4)式

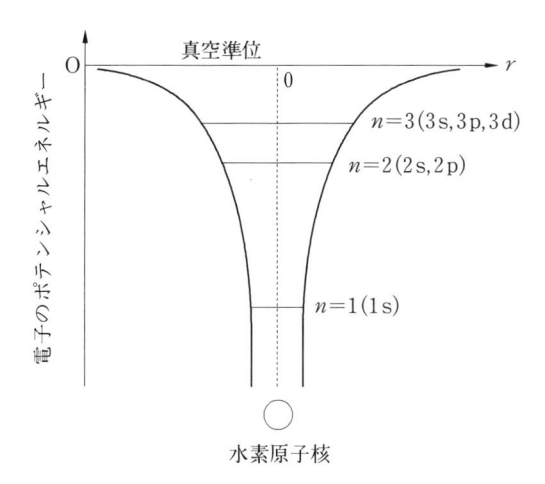

図3-1 孤立した水素原子の電子のポテンシャル曲線とエネルギー準位

[*1] 水素原子における電子のポテンシャルエネルギーについては，「金属物性学の基礎」第1章, p.8 参照．

3.1 結晶中のポテンシャルエネルギー

$$E_n = -\frac{1}{n^2} \cdot \frac{m_0 e^4}{8\varepsilon_0^2 h^2} = -\frac{1}{n^2} \frac{m_0 e^4}{2(4\pi\varepsilon_0)^2 \hbar^2}, \quad n=1, 2, 3\cdots$$

で与えられる．この式からも明らかなように，電子の取り得るエネルギーは連続的でなく，とびとびの値に限られる．真空準位を基準にして，孤立した水素原子のポテンシャル曲線とエネルギー準位を描くと図3-1のようになる．各エネルギー準位はそれぞれ1本の線で示しているが，第1章で述べたように，水素原子の場合にはエネルギー E が主量子数 n のみに依存する特殊性から，$n=1$ の準位は1s状態のみであるが，$n=2$ の準位は2sと2p状態が，同じく $n=3$ の準位は3s，3p，3d状態が縮退している．

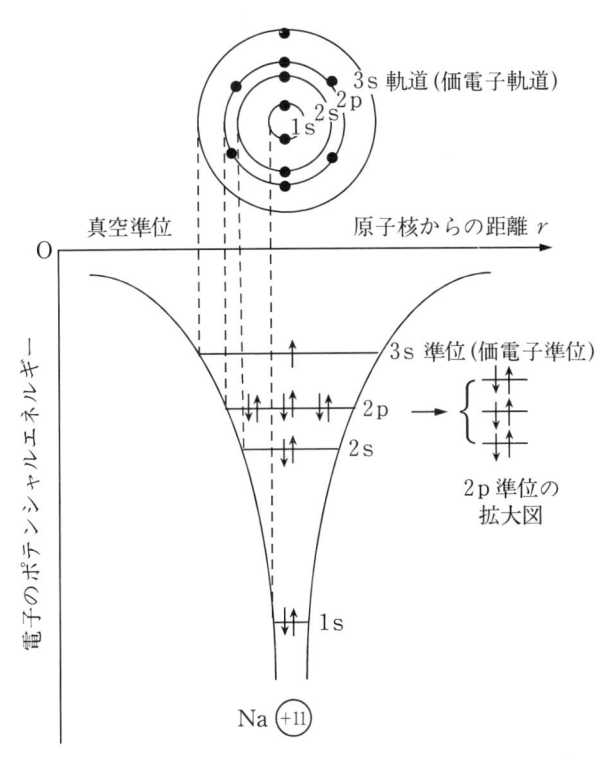

図 3-2 孤立した Na 原子のポテンシャル曲線とエネルギー準位，および電子軌道

同様に，孤立した Na 原子の電子に対するポテンシャル曲線を描いたのが図 3-2 である．前述のように，Na 原子は 11 個の電子をもち，その電子配置は $(1s)^2(2s)^2(2p)^6(3s)^1$ である．これらの電子を，対応するエネルギー準位のところにスピンの上向き（↑），下向き（↓）とともに書き入れた．このような孤立した Na 原子が近づいて結晶をつくったときのポテンシャル曲線は図 3-3 のようになる．孤立 Na 原子のポテンシャルの形は表面にだけ残り，結晶内部では互いに影響し合って，**周期的なポテンシャル場**が形成される．価電子である最外殻の 3s 電子は周期的なポテンシャルの山よりも高いエネルギーをもち，ポテンシャルの山からの影響を受けながらも，比較的自由に結晶内部を運動できるようになる．その結果として，自由電子として振舞うことは第 2 章で述べた通りである．特に注目すべきことは，実際の結晶では電子のエネルギー準位がある幅をもつようになり，**エネルギー帯**（あるいは**エネルギーバンド**；energy band）[*2] をつくることである．すなわち，N 個の原子よりなる Na 結晶では N 個の 3s 電子を含むので，このエネルギーは N 本のエネルギー準位よりなるエネルギーバンドをつくる．パウリ

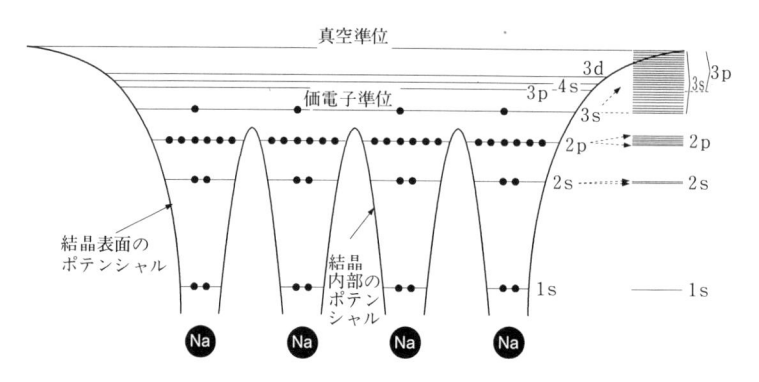

図 3-3 Na 結晶の周期的ポテンシャル曲線とエネルギー準位

[*2] 結晶内の電子には全原子からの引力が働き，それぞれ別々のエネルギー準位をつくっている．それらのエネルギー準位が密に詰まってほとんど連続になっており，このエネルギー準位の集まりをエネルギーバンドとよぶ．

の排他律を《**各エネルギー準位にはスピンが反平行の電子2個までしか入れない**》と解釈すれば，このバンドの電子定数は $2N$ になる．同様にして，1s バンドの定数は $2N$，2s バンドも $2N$，2p バンドは $6N$ となる．したがって，Na 結晶では 1s から 2p バンドまでは満席になっており（**充満帯**；full band），その上の 3s バンド（実際は 3p バンドと重なっている[*3]）に N 個の電子が存在する．Na の場合，3s, 3p バンドが伝導性に寄与するので，これらの 3s, 3p バンドを**伝導帯**（conduction band），このバンドにいる電子を**伝導電子**（conduction electron），という．

3.2　周期的ポテンシャル場中の電子

　周期的ポテンシャル場中での電子の運動を議論する前に，まず，自由電子の運動について考える．電子の質量を m_0，速度を v とすると，自由電子のエネルギー E は電子を粒子としてみた場合には，運動量を p（$=m_0 v$）として

$$E(p)=\frac{1}{2}m_0 v^2 =\frac{p^2}{2m_0} \tag{3-2}$$

で与えられる．また，電子は波の性質をもっており，運動量 p と波長 λ との間には(1-1)式で与えられるド・ブロイの関係

$$\lambda=\frac{h}{p}=\frac{h}{m_0 v} \tag{3-3}$$

がある．電子は運動量 p に対応して波数 k（$=2\pi/\lambda$）をもち，(3-3)式の関係を使うと k は

$$k=\frac{2\pi}{\lambda}=\frac{2\pi m_0 v}{h}=\frac{2\pi p}{h}=\frac{p}{\hbar} \tag{3-4}$$

と表される．ただし，ここでは h の代わりに前述の $\hbar$（$=h/2\pi$）を用いている．したがって，自由電子のエネルギー $E(k)$ は

[*3]　実際の Na のバンド構造については，3.7 節，金属のバンド構造（p.53）で述べる．

$$E(k)=\frac{p^2}{2m}=\frac{h^2k^2}{8\pi^2m_0}=\frac{\hbar^2k^2}{2m_0} \tag{3-5}$$

で，電子の速度 $v(k)$[*4] は

$$v(k)=\frac{1}{\hbar}\frac{\mathrm{d}E}{\mathrm{d}k} \tag{3-6}$$

で与えられる．この結果は，自由電子のエネルギー $E(k)$ は波数 k の2乗に比例して連続的に変化することを意味している．したがって，自由電子のエネルギー $E(k)$ および速度 $v(k)$ は図3-4の細線で示したように放物線およ

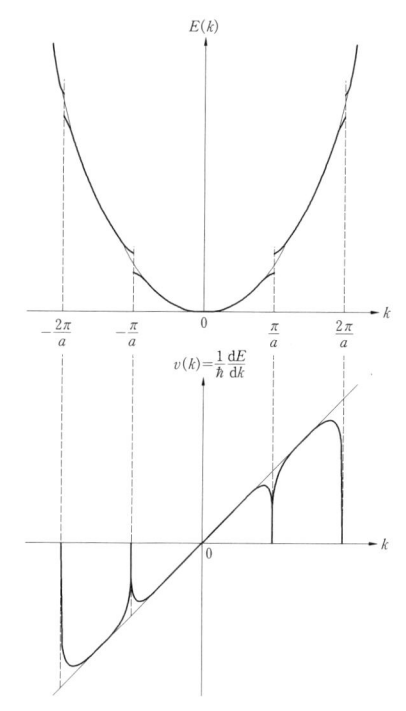

図3-4 1次元格子における自由電子のエネルギー $E(k)$ と速度 $v(k)$
 自由電子（──）と周期的ポテンシャル場中の電子（──）

[*4] 電子を波と考えると，振動数 ν の電子の速度は平面波の重ね合わせとしての波束の群速度 $v=\mathrm{d}\omega/\mathrm{d}k$ に等しい．ω は電子波の角振動数（$\omega=2\pi\nu$）であり，$E(k)=h\nu=\hbar\omega$ を用いると $v=(1/\hbar)(\mathrm{d}E/\mathrm{d}k)$ が得られる．

び斜めの直線で表される．

一般に3次元結晶の中では，波数 k はベクトル $\boldsymbol{k}$ で表され，電子のエネルギーは $\boldsymbol{k}$ の関数 $E=E(\boldsymbol{k})$ として考えるべきである．電子が自由であるときは

$$E(\boldsymbol{k}) = \frac{\hbar^2 k^2}{2m_0} = \frac{\hbar^2}{2m_0}(k_x^2 + k_y^2 + k_z^2)$$

で表され，等エネルギー面は半径が $\sqrt{2m_0 E}/\hbar$ の球面になる．自由電子モデルでは，$\boldsymbol{k}$ 空間内において電子が $\boldsymbol{k}=0$ の原点から $k_F = \sqrt{2m_0 E_F}/\hbar$ を半径とする球面，**フェルミ面**（Fermi surface），までの球の中に詰まっていることになる．

一方，電子が周期的ポテンシャル場中を運動する場合には，同じエネルギーバンドの中でも波数 k の方向と大きさが異なる．結晶中をある波長である方向に進む波は，X線回折の場合と同じように，原子配列の周期性によってブラッグ反射を起こす．これを説明するためには，正確には量子力学によらねばならないが，ここでは定性的な取り扱いですますことにする．結晶の面間隔を d，入射角を θ とすると，**ブラッグ**[†1]**の条件**（Bragg's condition）は

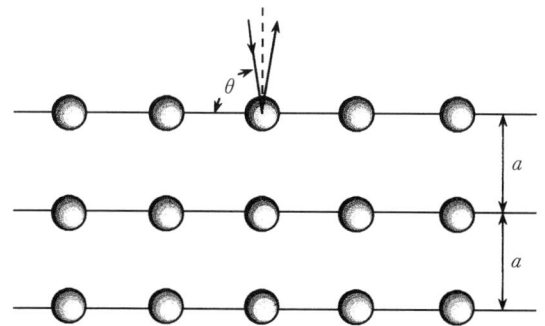

図 3-5 周期的ポテンシャル中を動く電子のブラッグ反射

[†1] William Henry Bragg（1862-1942），イギリスの物理学者．
William Lawrence Bragg（1890-1971），イギリスの物理学者（W. H. Bragg の子）．1915 年父子でノーベル物理学賞．

で与えられる．いま，図3-5のように電子波が面間隔 a の結晶面にほとんど垂直に入射した（角度 $\theta \fallingdotseq \pi/2$）とすると，$a\sin\theta \fallingdotseq a$ になるので，ブラッグの条件は

$$2d\sin\theta = n\lambda, \quad n=1,2,3\cdots \tag{3-7}$$

$$2a \fallingdotseq n\lambda$$

と表される．したがって，このときの波数 k_n として

$$k_n \frac{2\pi}{\lambda} = \frac{n\pi}{a}, \quad n=1,2,3\cdots \tag{3-8}$$

を得る．この関係を満足する波数 k の電子波は波長 λ がブラッグの条件を満足するので結晶格子により完全に反射され，前に進むことができない．すなわち，このような波数をもつ進行波は存在できず，これらの k の値に対

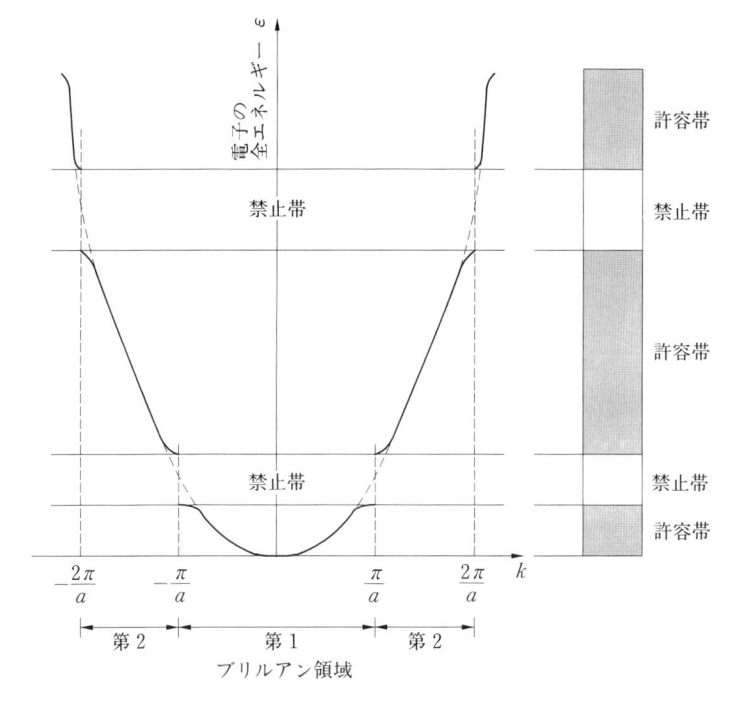

図3-6 周期的ポテンシャル場におけるエネルギー帯の分離

応するエネルギーをもつことができないことになる．このことを考慮すれば，$E(k)$ および $v(k)$ は図3-4の太線のような形にならなければならない．その結果，$k=n\pi/a$ のところでエネルギーバンド内に**エネルギーギャップ**が生じる．ギャップの大きさは格子点にどんなイオンが存在するかによって決まるが，ギャップの生じる位置は上の式で幾何学的に決まる．このようにして，結晶中の電子にはとることの許されないエネルギー値があり，エネルギーの**禁止帯**あるいは**禁制帯**（forbidden band）ができることが定性的に理解できる．

電子のエネルギー E と波数 k の関係を詳しく求めると，図3-6のようになる．$k=n\pi/a$ のところでエネルギーが不連続に変化し，電子がとることの許されるエネルギー領域，すなわち**許容帯**（allowed band）が禁止帯によって隔てられている様子がよく分かる．許容帯におけるエネルギー曲線の形は $k_n=n\pi/a$ 近傍を除けば自由電子のエネルギー曲線とほぼ一致する．

3.3　ブリルアンゾーン

以上見てきたように，周期的ポテンシャル場の中を運動する電子は自由電子のようにすべてのエネルギーをとることができるのではなく，波数 $k_n=n\pi/a$ に対応するエネルギー値をとることが許されないことが分かった．k の値は

$$k=\frac{2\pi}{\lambda}=\frac{n\pi}{d\sin\theta} \tag{3-9}$$

から明らかなように，入射角 θ に依存しており，θ が変われば異なる結晶面が電子を回折する．波数 k についての3次元空間で，とることの許される k の領域を**ブリルアン**[†2]**ゾーン**（Brillouin zone）とよんでいる．

1次元格子では k の境界値は $\theta=\pi/2$ の場合に相当し

$$k_n=\frac{n\pi}{a}, \quad n=1,2,3\cdots$$

[†2]　Léon Brillouin (1889-1969)，フランスの物理学者．

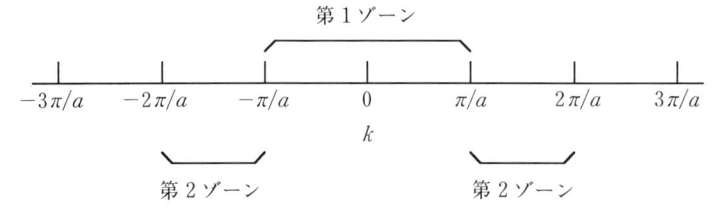

図 3-7 格子定数 a をもつ 1 次元格子のブリルアンゾーン

あるいは

$$nk_n = \frac{n^2\pi}{a}, \quad \text{または} \quad k_x n_x = \frac{n_x^2 \pi}{a} \qquad (3\text{-}10)$$

となる．したがって，1 種類の原子からなる格子定数 a の 1 次元格子のブリルアンゾーンは図 3-7 のようになる．波数 k が $-\pi/a < k < \pi/a$ の範囲を第 1 ブリルアンゾーン，その外側の $-2\pi/a < k < -\pi/a$，$\pi/a < k < 2\pi/a$ の範囲を第 2 ブリルアンゾーンなどとよんでいる．

2 次元正方格子では，k が (3-8) 式を満足するとき，常に電子線の回折が起こる．x, y 方向に面間隔 a の格子面を考えると

$$k_x = \frac{n_x \pi}{a}, \quad n_x = \pm 1, \pm 2 \cdots$$

$$k_y = \frac{n_y \pi}{a}, \quad n_y = \pm 1, \pm 2 \cdots$$

において，エネルギーギャップが生じる．1 次元の場合から類推して，より一般的には次式

$$k_x n_x + k_y n_y = \frac{\pi}{a}(n_x^2 + n_y^2), \quad n_x, n_y = 0, \pm 1, \pm 2 \cdots \qquad (3\text{-}11)$$

がブリルアンゾーンの境界を与え，これを満足する k_x, k_y のところでギャップが生じることになる．第 1 ブリルアンゾーンの境界は

$$n_x = \pm 1, \quad n_y = 0 \quad \text{とすると} \quad k_x = \pm \frac{\pi}{a},$$

$$n_x = 0, \quad n_y = \pm 1 \quad \text{とすると} \quad k_y = \pm \frac{\pi}{a}$$

3.3 ブリルアンゾーン

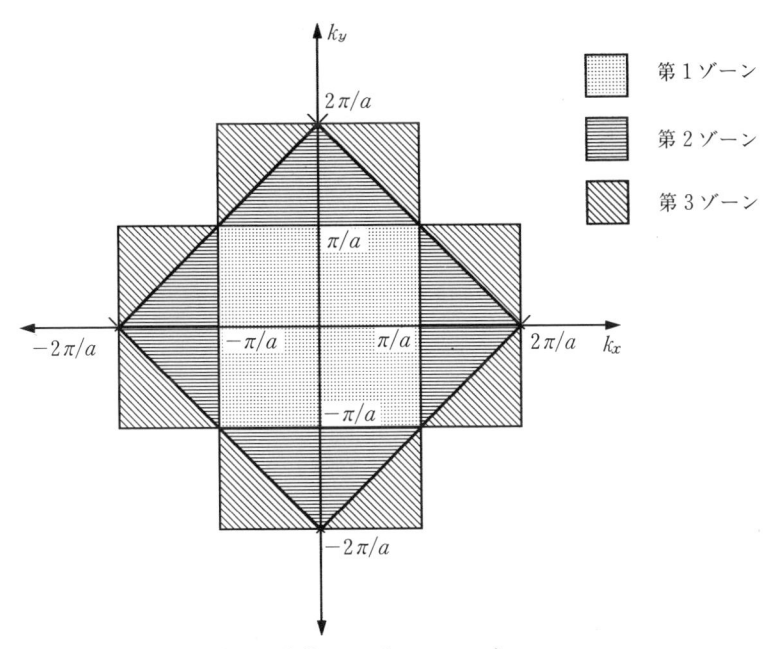

図3-8 2次元正方格子のブリルアンゾーン

の組合わせから求めることができる．これらを図示すると図3-8のようになる．第1ブリルアンゾーンは k_x, k_y 軸をそれぞれ $\pm\pi/a$ で切る正方形として与えられる．

また，第2ブリルアンゾーンの境界は

$$n_x = \pm 1, n_y = \pm 1 \quad \text{から} \quad \pm k_x \pm k_y = \frac{2\pi}{a}$$

の組合わせから求められる．この式は k_x, k_y 軸に対して 45° をなし，両軸を $\pm 2\pi/a$ で切る4本の直線を表している．このことから第2ブリルアンゾーンは，この4直線が作る正方形と第1ブリルアンゾーンの正方形との間の領域であることが分かる．第3ブリルアンゾーンは n_x, n_y の値として 0, ± 1, ± 2 を与えることによって得られ，図3-8に示した三角形の形になる．

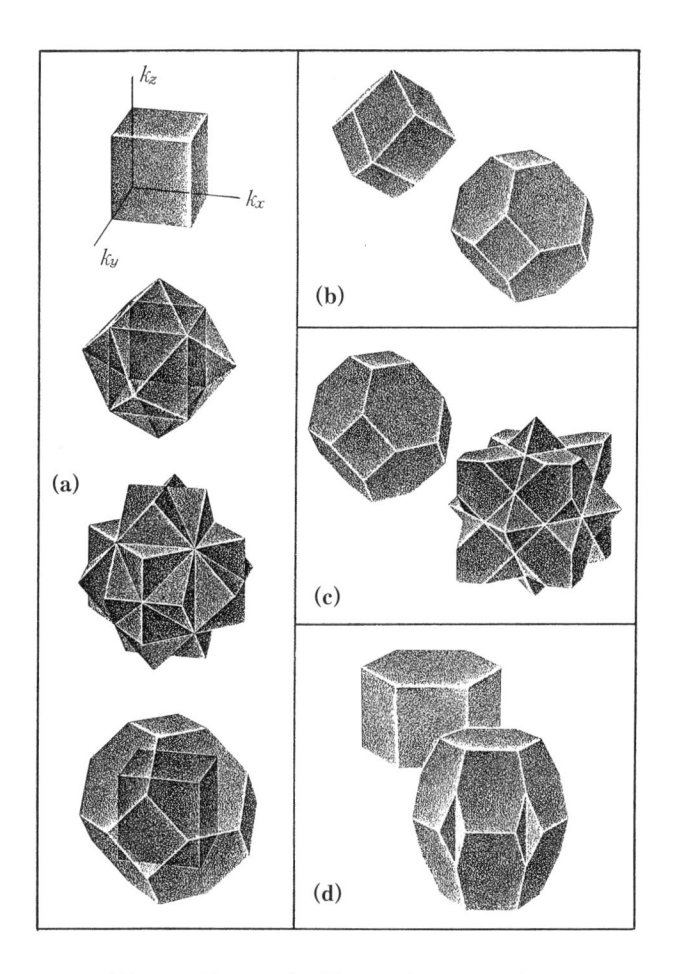

図 3-9 種々の3次元格子のブリルアンゾーン
(a)単純立方格子に対する第1～第4ゾーン，(b)体心立方格子に対する第1，第2ゾーン，(c)面心立方格子に対する第1，第2ゾーン，(d)稠密六方格子に対する第1，第2ゾーン（Hutchison and Baird: The Physics of Engineering Solids より）．ただし，(d)稠密格子に対するゾーンは上面および下面が抜ける．例えば，第1ゾーンは六角柱の外殻だけになる．

これらのブリルアンゾーン同士の境界にエネルギーギャップが存在する．

実際の3次元格子のブリルアンゾーンは，これまでのやり方を一般化することで求められる．例えば，3次元単純格子のブリルアンゾーン境界は

$$k_x n_x + k_y n_y + k_z n_z = \frac{\pi}{a}(n_x^2 + n_y^2 + n_z^2) \tag{3-12}$$

から容易に決定できる．第1ブリルアンゾーンは k_x, k_y, k_z を π/a で切った立方体である．3次元立方格子に対するブリルアンゾーン境界は多面体となり，ブリルアンゾーンの中では $E(k_x, k_y, k_z)$ は連続であるが，ゾーン境界に到達するとエネルギーギャップに出会う．1価の金属 Li，Na，K，Cs，Cu，Ag，Au，Pt ではフェルミ面はゾーン境界の中でほぼ球形をなしているが，2価の金属ではフェルミ面がゾーン境界に接するのでその形は複雑になる．単純立方，体心立方，面心立方，六方最密構造のブリルアンゾーンを図3-9に示す．

3.4 有効質量，電子と正孔

ここまで，金属中の電子の質量は自由電子の質量と同じとして取り扱ってきた．しかし，種々の物性実験の結果によると，電子の質量がある物質では自由電子の質量より大きく，また，ある物質ではそれより小さいと解釈せざるを得ないことが起こってきた．このことについて考えて見よう．

伝導帯内を運動する電子が全く自由な粒子であれば，エネルギーは(3-5)式

$$E = \frac{p^2}{2m_0} = \frac{\hbar^2 k^2}{2m_0}$$

で与えられ，質量 m_0 は

$$m_0 = \hbar^2 \Big/ \left(\frac{\partial^2 E}{\partial k^2}\right) \tag{3-13}$$

と表される．しかし，いままで見てきたことから，金属中には周期的ポテンシャルが存在し，自由電子として取り扱うことは必ずしも適当ではないこと

が分かった．ところが，有効質量という概念を用いれば，自由電子モデルが実際上十分に成り立つ．そこで，自由電子からの類推で

$$m^* = \hbar^2 \bigg/ \left(\frac{\partial^2 E}{\partial k^2}\right) \tag{3-14}$$

によって**有効質量**（effective mass）m^* を表すことにする．すなわち，周期的ポテンシャルの中を運動する波数 k の電子は，見かけ上質量 m_0 が有効質量 m^* になった電子のように振舞うと考える．例えば，前章の自由電子論によれば電子比熱は(2-32′)式

$$C_v(\text{electron}) = \frac{\pi^2 Z N k_B^2}{2 E_F} T = \gamma T \tag{3-15}$$

で与えられるが，γ の実験値と理論値の比 $\gamma_{obs}/\gamma_{theo}$ は必ずしも 1 にはならない．そこで，m_0 を m^* に置き換えることによって m^* を決め，一応自由電子として処理する．すなわち，金属の中では電子は必ずしも自由ではないが，質量 m_0 を有効質量 m^* に置き換えることで，近似的に自由電子として取り扱うことが可能になる．各種金属に対する m^*/m_0 と価数の値を γ の実測値とともに第 2 章の表 2-1 に挙げておいたので参照してほしい．(3-14)式から，有効質量 m^* がエネルギー E の 2 階微分すなわちエネルギーバンドの曲率に逆比例することが分かる．したがって，k 空間におけるエネルギー E のある点における曲率が大きければ有効質量は小さく，逆に曲率が小さければ有効質量は大きくなる．

いま，エネルギーバンド内の電子の詰まり方として，図 3-10 に示すように，2 つの場合を考える．まず，（a）のようにバンドの底の一部だけが電子で満たされている場合には，電子はほとんど自由に振舞えるので，電子の質量は m_0 から m^* への置き換えでよい．一方，（b）のバンド内がほぼ電子で満たされていて，上部に空席が少しある場合には，(3-13)式より

$$\left(\frac{\partial^2 E}{\partial k^2}\right) < 0 \quad \text{のとき} \quad m^* < 0$$

となり，負の質量をもつことになってしまう．しかし，実際問題として負の質量というものはイメージしにくい．そこで，バンド内に電子が全部詰まっ

3.4 有効質量，電子と正孔　　47

(a) 電子　電子で満たされている

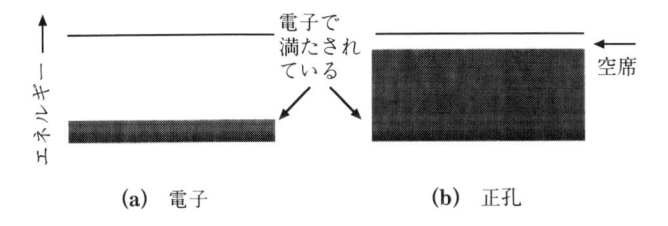

(b) 正孔　空席

図 3-10　エネルギーバンド内の電子の詰まり方
バンドの底が電子で満たされている場合(a)と，バンド内がほぼ電子で満たされ上部に空席がある場合(b)

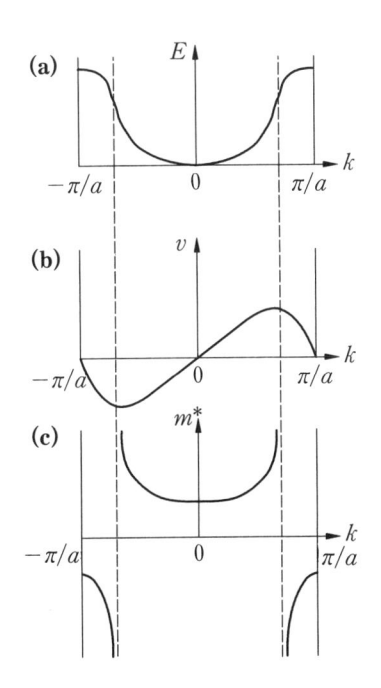

図 3-11　有効質量 m^* の波数 k 依存性
周期的ポテンシャル中の電子の(a)エネルギー E，(b)速度 v，(c)有効質量 m^* 変化

た状態を基準（ゼロ）にとり，空席を電荷が$-e<0$（負の電荷）で$m^*<0$（負の質量）とみる代わりに，$e>0$（正の電荷）で$m^*>0$（正の質量）と考える．すなわち，バンドの上部に空席がある場合には，この空席が$e>0$で$m^*>0$の粒子のように振舞うとして取り扱う．この空席を**正孔**（positive hole）とよぶ．

金属内では電流や熱を運ぶ担い手としてのキャリアー（carrier）には，電子（Li, Na, K, Cs, Cu, Ag, Au, Al など）と正孔（Be, Zn, Cd など）とがある．実際に，電子あるいは正孔のどちらがキャリアーになっているかは，次に述べるホール効果で見分けがつく．

ここで有効質量の波数依存性を調べてみる．図 3-11 に第 1 ブリルアンゾーンにおけるバンドの例を示す．図（a）のエネルギー曲線 $E(k)$ を波数 k で微分して得た速度 v および $E(k)$ の 2 階微分の逆数（有効質量 m^*）をそれぞれ（b），（c）に示す．図（b）から，v は $k=0$ のバンドの底でゼロとなり，k の増加とともに増大するが変曲点で最大になった後，減少に転じ $k=\pi/a$ で再びゼロとなることが分かる．また図（c）から，有効質量 m^* はバンドの底，すなわちブリルアンゾーンの中央では正で極小をもつが，k の増加につれて大きくなり，さらに k が $\pm\pi/a$ に近いバンドの上部では負の値をもつことも明らかである．これが上述の正孔の実体である．

3.5　ホール効果

一様な固体の試料に図 3-12 のように x 方向に電流密度 j_x の電流を流しながら，これと直角な z 方向に磁束密度 B_z の磁場を与えると，それらのいずれにも直角な y 方向に電場 E_y が生じる．この現象を**ホール**[†3]**効果**（Hall effect）という．この場合 E_y は j_xB_z に比例し，比例定数

$$R_\mathrm{H}=\frac{E_y}{j_xB_z} \tag{3-15}$$

[†3]　Edwin Herbert Hall（1855-1938），アメリカの物理学者．

3.5 ホール効果

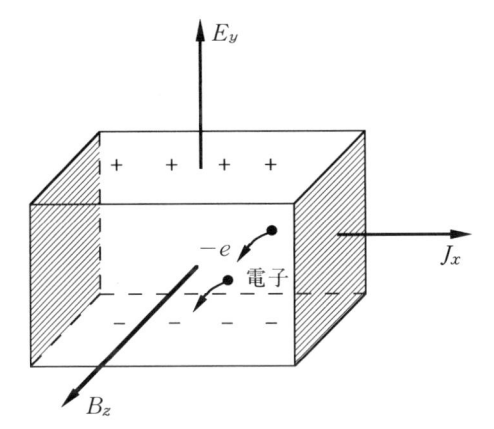

図 3-12 ホール効果（キャリアーが電子の場合）
J_x：電流，E_y：電場，B_z：磁場

を**ホール定数**（Hall constant）あるいは**ホール係数**（Hall coefficient）とよぶ．R_H は後で述べるように物質により一定で温度とともに変化する．

いま，キャリアーを電子として，この現象をながめてみる．x 方向に電流を流すと，磁場がないときには電子は x の負の向きにまっすぐに進む．磁場をかけると電子は y の負の向きに曲げられるが，y 方向の外には出られないので表面に蓄積し，薄片の下面は負に上面は正に帯電する．その結果，上下両面に生じた正負の電荷により $-y$ 方向にホール電場 E_y が生じることになる．

それでは，ホール効果を数式的に導いてみよう．いま，電荷 $-e$ の電子に電場と磁場が同時に作用した場合を考える．電子の群速度を v，磁束密度を B，生じた電場を E とすると，電荷 $-e$ の電子に作用する**ローレンツ**[4]**力**（Lorentz force）F は

---

[4] Hendrik Anton Lorentz (1853-1928)，オランダの理論物理学者．1902年ノーベル物理学賞．

$$F = -e[\boldsymbol{E} + \boldsymbol{v} \times \boldsymbol{B}] \tag{3-16}$$

となる．定常状態では y 方向の合成力 F_y はゼロなので

$$F_y = -e\{E_y + [\boldsymbol{v} \times \boldsymbol{B}]_y\} = -e\{E_y + (v_z B_x - v_x B_z)\} = 0$$

である．いま $B_x = 0$ なので

$$E_y = v_z B_z$$

となり，この E_y が y 方向に生じた電場となる．キャリアー（いまの場合は電子）の数密度を n とすれば，電流密度 j_x は

$$j_x = -env_x \tag{3-17}$$

で与えられるので，生じた電場として

$$E_y = -\frac{j_x B_z}{en} \tag{3-18}$$

が得られる．したがって，ホール定数 R_H は

$$R_H = \frac{E_y}{j_x B_z} = -\frac{1}{ne} \tag{3-19}$$

と表される．以上の取り扱いはキャリアーを電子として場合であり，E_y は y 軸の負の向きであり，また R_H も負となる．一方，キャリアーが正孔の場合には，E_y は y 軸の正の向きとなり，R_H も正となる．

(3-19)式は，ホール定数の値と符号はキャリアーの数密度とキャリアーの電荷の符号によって決まることを示している．E_y の正負に従い R_H もそれぞれ正負となるので，R_H が正になるか負になるかにより，キャリアーが正孔であるか電子であるかが分かる．したがって，ホール定数を測定すれば，$\pm ne$ すなわちキャリアーの種類（正孔か電子か）と単位体積あたりのキャリアーの数（数密度）が分かる．

各種金属のホール定数を以下に示す．

Li：-1.7　　Na：-2.5　　K：-4.2
Cu：-0.55　Ag：-0.84　Au：-0.72
Be：$+2.44$　Zn：$+0.33$　Cd：$+0.60$　$\times 10^{-10}$ [m^3/C]

3.6 金属・半導体・絶縁体

電気伝導率は物質の種類に依存して大きく異なっている．経験的な分類では，良導体である金属は比抵抗が 10^{-7} Ωm 程度であるのに対し，絶縁体は約 10^{14} Ωm の比抵抗をもち，半導体はその中間の広い範囲にある．これらの違いは，定性的には電子によるエネルギーバンドの占め方で説明できる．前に 3.1 節で述べたように，孤立した原子の場合には 1s；2s, 2p；3s, 3p, 3d；…のようにとびとびのエネルギー準位であったものが，結晶になるとエネルギーバンドをつくる．そのエネルギーバンドを電子はパウリの排他律に従って低いバンドから順々に占めていくが，電子が占めることを許される許容帯は禁止帯によって隔てられている．

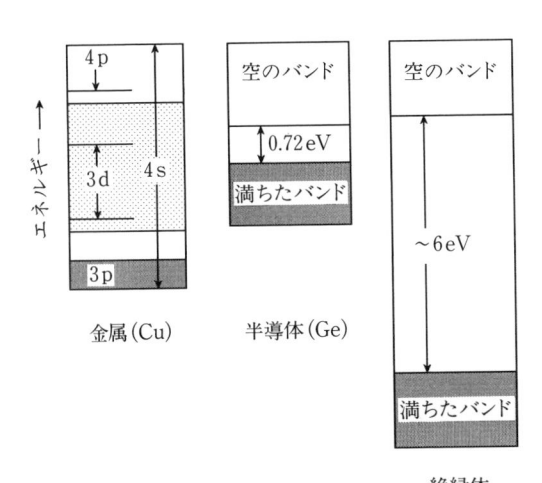

図 3-13 金属(Cu)，半導体(Ge)，絶縁体(ダイアモンド)のバンド構造

電子によるエネルギーバンドの占め方のパターン（**バンド構造**）には，図 3-13 に示すように大別していくつかがある．影の付いている領域が電子に

よって占められている領域である．（ⅰ）あるエネルギーバンドまでは電子で完全に満たされ（充満帯），それよりエネルギーの高いバンドは全く空になっており（伝導帯），しかも両バンド間のエネルギーギャップ幅が大きいものでは，電場を加えても電子は動くことができず，電気抵抗はほとんど無限大で絶縁体的振舞いを示す．（ⅱ）バンドの一部分だけが電子で満たされ残りが空席になっているようなバンド構造では，電場を加えることにより電子は自由に動けるので，金属的に振舞う．この場合，電気抵抗は温度とともに増加する．（ⅲ）（ⅰ）の場合でバンドギャップ幅が小さいときには，ほんの少しのエネルギーを与えるだけで電子が下のバンドから上のバンドに移り，上のバンドの底に少しだけ電子がつまり，下のバンドの上端に少し空席ができる．この場合には，抵抗率が金属と絶縁体の中間になり，半導体あるいは半金属的に振舞う．純粋な半導体は $T=0$ では絶縁体であるが，有限の温度では熱エネルギーによって電子が一部伝導バンドに励起されている場合と不純物が存在し電子の数が純粋なものより不足している場合がある．

渋滞した一般道（充満帯）とスイスイ走れる高速道路（伝導帯）

3.7　金属のバンド構造

（1）　アルカリ金属

Li，Na，K，Rb，Cs といったアルカリ金属は1原子あたり1個の価電子をsバンドにもっている．すなわち，最外殻の電子配置は

$$\text{Li} : \cdots(2s)^1,$$
$$\text{Na} : \cdots(3s)^1,$$
$$\text{K} : \cdots(4s)^1,$$
$$\text{Rb} : \cdots(5s)^1,$$
$$\text{Cs} : \cdots(6s)^1$$

である．sバンドには1原子あたり2個の電子を収容できるので，価電子バンドである上記のsバンドは半分しか満たされていない．原子核の電荷は内殻電子によって十分に遮蔽されているので，価電子との結合はゆるく自由電子としての取り扱いがよくあてはまる．例として，Naのバンド構造を図3-14 に示す．実際には Na の 3p バンドが 3s バンドの上部と重なっている．アルカリ金属の結晶構造はすべて体心立方構造で，硬くて小さい正イオンがかなり離れて配列している．例えば，Na では

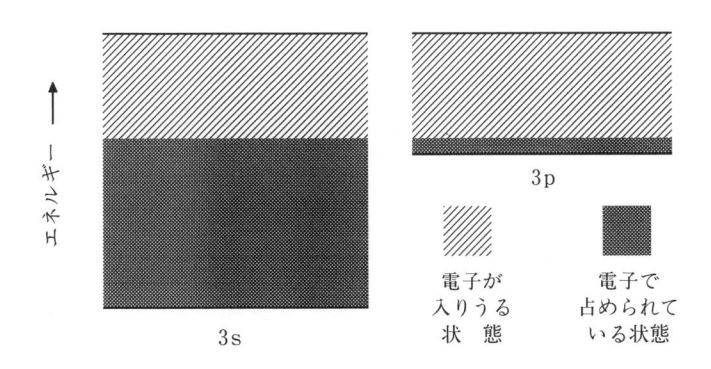

図 3-14　アルカリ金属 Na のエネルギーバンド

最隣接距離：0.371 nm,

イオン直径：0.19 nm,

原子間間隙：0.18 nm

である．

(2) 貴 金 属

Cu および貴金属 Ag，Au では d バンドまでが完全に満たされ，そのすぐ上の s バンドには 1 個の電子がある．それぞれの電子配置は

Cu：$\cdots(3d)^{10}(4s)^1$,

Ag：$\cdots(4d)^{10}(5s)^1$,

Au：$\cdots(5d)^{10}(6s)^1$

である．結晶構造はすべて面心立方構造である．同じ 1 価金属でありながらアルカリ金属と異なる点は，このように d 殻が完全に満たされていることである．アルカリ金属では大きい原子容積に小さい正イオンが埋まっていたのに対し，貴金属では硬くて大きい正イオン（満ちた d 殻）が互いにほとんど接触していて剛体球のように振舞う．Cu については

原子間距離：0.255 nm,

イオン直径：0.192 nm,

原子間間隙：0.063 nm

であり，Ag および Au についても原子間の間隙は 0.036，0.014 nm と小さく，アルカリ金属に比べて小さい．

　s バンドには 1 原子あたり 2 個の電子を収容できるので，アルカリ金属と同様に半分だけ満たされていることになる．Cu のエネルギーバンドを図 3-15 に示す．4s の外側のバンドは 4p だが，これは 4s バンドと完全に重なっている．3d 電子に働く原子核の有効電荷は約 $11|e|$ であるのに 4s 電子に対する有効電荷は約 $1|e|$ の程度なので，3d 電子は 4s 電子よりずっと強く原子核に束縛されている．このため 3d バンドは 4s バンドよりも幅がずっと狭い．また，4s と 3d のエネルギー差は小さく結晶を構成して両方がバンドに

3.7 金属のバンド構造

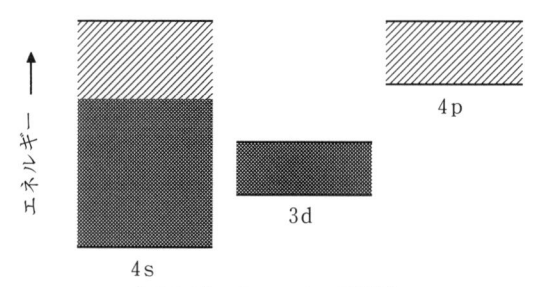

図3-15 Cuのバンド構造

なったときには，3dバンドは4sバンドの下の方に重なっている．フェルミエネルギーの近くに注目すると，Cuはアルカリ金属と同じ1価の金属原子のように見え，典型的な良導体であることに対応している．しかし，4sと3dバンドが重なっており，合成されたバンドの中に3d (10個) と 4s (1個) の計11個の電子が収容されているので，1価金属とは異なっている．

（3）2価金属

Be，Mg，Ca，Zn，Sr，Cd，Ba，Hgではs状態に2個の価電子が存在し，最外殻電子配置は$(ns)^2$の形をもっている．結晶構造は

　　　　六方最密構造：(Be，Mg，Ca，Zn，Cd)，
　　　　面心立方構造：(Ca，Sr)，
　　　　体心立方構造：(Ba)，
　　　　複雑な構造　：(Hg)

である．いずれも2個の価電子をもっているので，sバンドが完全に満たされるはずで，上のエネルギーバンドがsバンドと重ならない限り絶縁体になってしまう．しかし，3.5節で述べたように，Be，Zn，Cdは正のホール定数をもっていることが知られている．このことは，sバンドの電子がすぐ上のバンドに移ったために生じたsバンド上部の正孔によって，これらの電気伝導が起こることを示している．

図3-16に2価金属のバンドの例としてMgのバンド構造を示す．

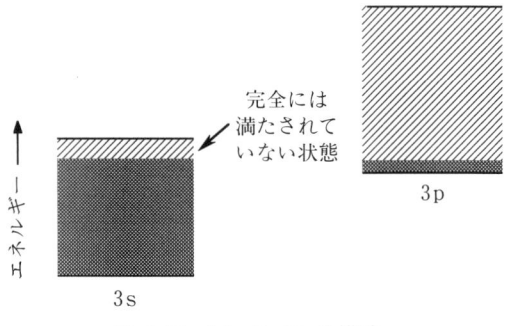

図3-16 Mgのバンド構造

（4） 3d 遷移金属

　鉄族の遷移金属は，4s 準位が最初から部分的あるいは完全に満たされており，原子番号が大きくなるにつれ 3d 準位が順番に満たされていく．これらの 4s，3d 準位の電子配置を以下に示す．

$$
\begin{aligned}
&\text{Sc} : (4s)^2(3d)^1, \quad \text{Mn} : (4s)^2(3d)^5, \\
&\text{Ti} : (4s)^2(3d)^2, \quad \text{Fe} : (4s)^2(3d)^6, \\
&\text{V} : (4s)^2(3d)^3, \quad \text{Co} : (4s)^2(3d)^7, \\
&\text{Cr} : (4s)^1(3d)^5, \quad \text{Ni} : (4s)^2(3d)^8, \\
&\text{Cu} : (4s)^1(3d)^{10}
\end{aligned}
$$

電子配置の類似性から，これらの原子（元素）の化学的性質は多くの点で互いによく似ていることが容易に理解できる．しかし，強磁性のような物性は 3d バンドの詰まり方によって左右されるので，3d バンドの半分以上が満たされている Fe，Co，Ni と，3d バンドがほとんど空いている V や Ti では磁気的性質は大きく異なってくる．図 3-17 に Fe のエネルギーバンド構造を示す．

3.7 金属のバンド構造

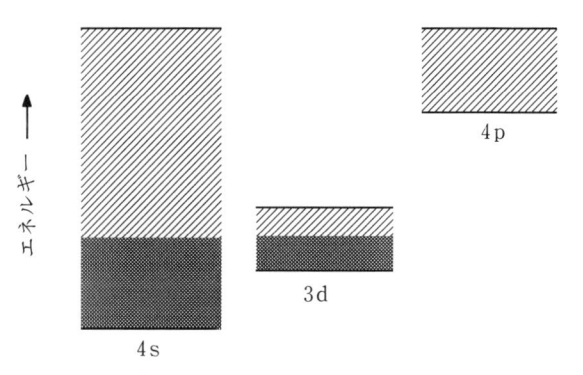

図 3-17 Fe のバンド構造

第4章
磁　　性

　子供の頃，鉄釘を磁石に近づけるとその釘が磁石になり，さらに別の釘を引きつけるようになった経験をもっていることと思う．これは物理的には，「鉄が磁場の中で磁化する」という現象である．すべての物質は磁場中におくと大なり小なり磁化し，磁化の方向と磁化の程度によって5種類の磁性に分類される．現在，われわれはテレビ，ビデオ，パソコン，携帯電話…と種々の電化製品を使って快適な日常生活を送っているが，これら花形電化製品も磁性材料なくしては作動しない．

　この章では，種々の物質が磁場中でどのような性質をもつのか，その原因は何かなどの，いわゆる磁性について述べる．

キーワード

電荷・磁極，電場・磁場，磁化率，磁気モーメント，磁化，
反磁性，ラーモアの歳差運動，常磁性，軌道磁気モーメント，
スピン磁気モーメント，ボーア磁子，キュリーの法則，
スレーター-ポーリング曲線

60　　　　　　　　第 4 章　磁　　性

4.1 磁気とは

　磁気とか磁性といえば，土や砂の中をかきまわして砂鉄を集めたり，鉄片や釘を引っ付けたりして遊んだ馬蹄形磁石（U字形磁石）を思い浮かべる人が多いだろう．U字形磁石に限らず棒磁石でも，磁石の両端には，**磁極**とよばれる鉄片や釘を引き付ける力の強い部分がある．この磁極には2種類ある．

　磁針（コンパス）は南北方向を指し，また棒磁石も糸で吊るすと南北を向くことから，地球の北極を向く磁石端をN極，南極を向く方をS極とよぶ．磁石同士を近づけたとき，N極とS極すなわち異極同士は引き合うが，N極とN極あるいはS極とS極といった同極同士は反発し合う．これらのことから，地球自体が非常に大きな磁石になっており，北極とよんでいる付

近に地球磁石のS極が，南極付近にN極があることが分かる．

さらに，磁石は2つに分割しても，それらはどちらも磁石の性質をもっていて，一端にN極が他端にはS極が生じている．さらにどんどん細かく分割していっても，その一片は磁石としての性質を失うことはなく，最後には原子レベルにまで到達する．これは磁石を構成している原子（あるいはイオン）が自分自身で磁石としての性質（磁気モーメント）をもち，それが互いに一定の方向に整列して磁石になっているためである．これを原子磁石（あるいは分子磁石）という．磁石はN極とS極が対になっていて，N極だけあるいはS極だけの単磁極（mono pole）を取り出すことはできない．単磁極の存在はディラック（Dirac）により理論的に予想され，多くの実験が行われたが確証は得られていない．

4.2 電磁気学との関連

磁気現象を考えるにあたり，まず電気現象と対比させ，その後で両現象の関連を述べる．

（i） 電気量と磁気量

電気現象の基礎として電気量（**電荷**）があるのに対し，磁気現象にも磁気量（**磁極**あるいは磁荷）がある．電気量 Q, q [C] を帯びた物体が距離 r [m] だけ離れて存在するとき，両者の間には**クーロンの法則**に従う大きさ

$$F = \frac{Qq}{4\pi\varepsilon_0 r^2} \quad [\text{N}] \tag{4-1}$$

の力が両者を結ぶ直線の方向に働く．ここで，ε_0 は真空の誘電率（$=8.854 \times 10^{-12}$ C^2/N·m^2 または F/m）である．電荷 Q, q はそれぞれ正あるいはは負の値を取り得るが，(4-1)式で $F>0$（同種電荷）のとき斥力，$F<0$（異種電荷）のとき引力とする．

一方，磁気量 M, m [Wb] の磁極が距離 r [m] だけ離れて存在すると

き*1,両者の間には大きさ

$$F = \frac{Mm}{4\pi\mu_0 r^2} \quad [\text{N}] \tag{4-2}$$

の力が両者を結ぶ直線の方向に働き,$F>0$(同種磁極)のとき斥力,$F<0$(異種磁極)のとき引力である.また,μ_0 は真空の透磁率($=4\pi\times10^{-7}=1.257\times10^{-6}$ Wb^2/N・m^2, Wb/A・m または H/m)である.(4-2)式を**磁気に関するクーロンの法則**という.

(ii) 電場と磁場

2つの電気量の間に(4-1)式の力 F が直接働くと考える代わりに,電気量 Q が存在するとその周囲の空間がある物理的性質を帯びて,Q から r だけ離れたところにおいた電気量 q の物体に,(4-1)式の力 F が作用する場が空間の各点に生じると考える.この空間的性質を**電場**(あるいは電界ともいう)E [N/C] で表す.E はベクトル量で空間の各点で定義され,電気量 q に対して

$$F = qE \tag{4-3}$$

で与えられる力をおよぼす.同様に,**磁場**(あるいは磁界)H [N/Wb または A/m] の存在している場所に磁気量 m の磁極をおくと,磁極は

$$F = mH \tag{4-4}$$

の力を受けると考える.

正電極と負電極の間におかれた電気量 q の小物体は,正電極からは押され(あるいは引かれ),負電極からは引かれる(あるいは押される).このことから,正負電極間の空間には電場 E が存在することになる.同様に,正負磁極間には磁場 H が存在する.一様な電場をつくるには平行平面板からなる正負電極を用意すればよく,また,一様な磁場は平行平面な正負両磁極の間に生じる.

---

*1 電気の場合と違い,正や負の単磁極は現在のところ発見されていないので,磁石の N 極には正の磁極,S 極には負の磁極が存在すると考える.

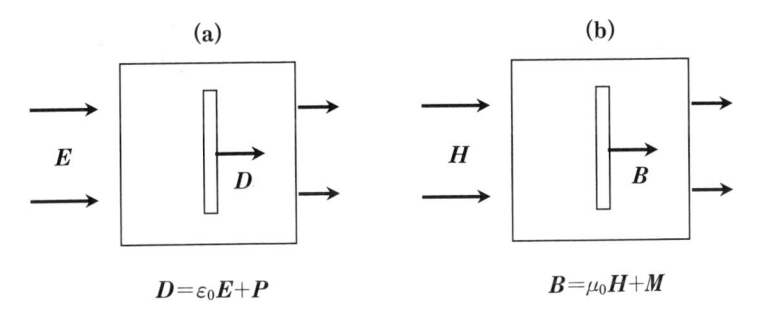

4.2 電磁気学との関連

図4-1 電束密度(a)と磁束密度(b)
E：電場，D：電束密度，P：電気分極，ε_0：真空の誘電率，B：磁束密度，H：磁場，M：磁気分極，μ_0：真空の透磁率

(a) $D=\varepsilon_0 E+P$
(b) $B=\mu_0 H+M$

一様な電場 E の中に物質をおいた場合には，電場のために物質はその性質を変える．図4-1(a)のように，等方的な物質内に電場 E に垂直に薄い板状の空隙をつくると，その空隙の両側は物質で囲まれているので，空隙内の電場は与えた一様な電場と異なる．これを**電束密度**（electric flux density）とよび，D [C/m²] で表す．一方，一様な磁場 H の中に物質をおくと，磁場のためにその物質の性質が変わる．図4-1(b)のように，磁場に垂直に物質内に作った板状の空隙の中における磁場は物質の外での磁場と異なる．これを**磁束密度**（magnetic flux density）とよび，B [Wb/m² あるいは T] で表す．

以上のことから，電束密度 D は外部電場 E とそれによって生じる電気分極 P による項からなり

$$D=\varepsilon_0 E+P \tag{4-5}$$

で表される[*2]．また，磁束密度 B は外部磁場に加えて磁化に伴う内在電流による磁場が加わるため，外部磁場 H と物質の磁気分極 M による項からなり

[*2] (4-5)式の導出については付録B参照．

$$B = \mu_0 H + M \tag{4-6}$$

と表される*3. 電気分極 P は,電場による物質内原子・分子の分極のため空隙の表面に現れる単位面積あたりの電気量であり,電場 E に比例し

$$P = \chi_e E \tag{4-7}$$

で与えられる.比例定数 χ_e をその物質の分極率あるいは電気感受率(electric susceptibility)とよぶ.同様に,磁気分極 M は空隙の表面に現れる単位あたりの磁気量で

$$M = \chi H \tag{4-8}$$

と表され,この χ を**磁化率**(magnetic susceptibility)あるいは帯磁率という.また,電束密度 D は(4-5),(4-7)式より

$$D = (\varepsilon_0 + \chi_e)E = \varepsilon E, \tag{4-9}$$

$$\varepsilon = \varepsilon_0 + \chi_e \tag{4-10}$$

と書くことができ,ε を**誘電率**(dielectric constant)とよぶ.ε と χ_e は真空の誘電率 ε_0 と同じ次元をもち,単位は [F/m] である.同様に,磁束密度 B は(4-6),(4-8)式より

$$B = (\mu_0 + \chi)H = \mu H, \tag{4-11}$$

$$\mu = \mu_0 + \chi \tag{4-12}$$

と書け,μ を**透磁率**(permeability)という.これらの μ と χ は真空の透磁率 μ_0 と同じ次元をもち,単位は [H/m] である.そこで,χ と μ を μ_0 を単位として

$$\chi_r = \frac{\chi}{\mu_0}, \tag{4-13}$$

$$\mu_r = \frac{\mu}{\mu_0}, \tag{4-14}$$

で表すと,これらは無名数となる.χ_r を**比磁化率**(relative magnetic susceptibility),μ_r を**比透磁率**(relative permeability)とよび,最近の教科

---

*3 見方を変えれば,$\mu_0 H$ を磁性体のない空間(真空)で生じた磁化と見て,B は磁性体の磁化に真空の磁化を加えたものと考えることもできる.

4.2 電磁気学との関連

書ではよく使われている．また，これらの間には(4-12)式から明らかなように

$$\mu_r = 1 + \chi_r \tag{4-15}$$

の関係がある．

ここまでの話では，電気現象と磁気現象が完全に対応しているが，互いの関係は述べなかった．しかし，電気現象と磁気現象の間には電流を通じて差異と相互関係がでてくる．両者の違いの第1は電気現象には電気量の流れ（電流）があるのに対し，磁気現象には磁流が存在しないことである．電流の強さ I は導体の断面積を通して単位時間に流れる電気量で定義され

$$I = \frac{dq}{dt} \tag{4-16}$$

で表される．導線中を電流が流れると，その周囲の空間に磁場を生じる．図4-2のように電流 I が導線 AB に沿って流れているとき，P点における磁場は導線の各微小部分からの寄与の和で与えられる．微小長さ ds の部分から磁場への寄与 dH は，電流 I の方向と OP 方向とのなす角を θ とすれば，**ビオ-サヴァール**[†1]**の法則**（Biot-Savart law）により，その大きさは

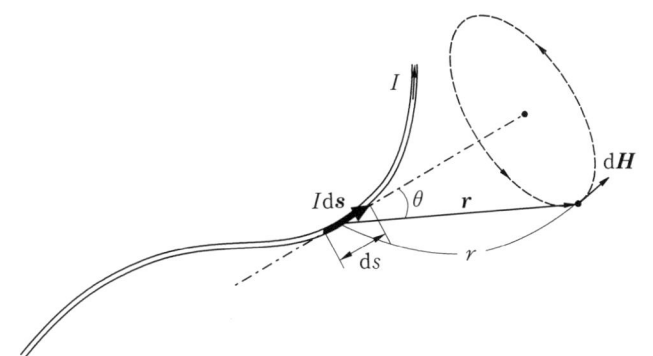

図 4-2 ビオ-サヴァールの法則
微小長さ ds 部分からの磁場への寄与 dH，I：電流，r：距離

[†1] Jean Baptiste Biot（1774-1862），フランスの物理学者，天文学者．
Felix Savart（1791-1841），フランスの物理学者．

$$dH = \frac{I\,ds\sin\theta}{4\pi r^2} \tag{4-17}$$

で表され，向きは右ねじの進む方向となる．

次に，磁場 H の中におかれた導線に電流 I が流れると，導線は磁場から力を受ける．ds 部分に働く力 $d\boldsymbol{F}$ は，電流方向と磁場方向のなす角を θ とすれば，大きさは

$$dF = \mu_0 IH\,ds\sin\theta \tag{4-18}$$

で表され，向きは右ねじの進む方向である．電流と磁場が平行のとき，すなわち $\theta=0°$ あるいは $180°$ の場合は，$\sin\theta=0$ なので電流は磁場から力を受けない．

電気現象と磁気現象の対応が成り立たない第2の現象は，電気では正と負の電気量が対になっても，また独立にでも存在しうるのに対して，磁気では正負同じ大きさの磁気量が常に対をなして存在し，決して単独では存在できず，磁石になっていることである．この磁石の強さを表すのに，磁気量の絶対値 m と負極から正極に向かう位置ベクトル $\boldsymbol{l}$ との積 $m\boldsymbol{l}$ を用いて

$$\boldsymbol{\mu} = m\boldsymbol{l} \quad [\text{Wb}\cdot\text{m}] \tag{4-19}$$

で表す[*4]．これを**磁気双極子能率**（magnetic dipole moment）あるいは単に**磁気モーメント**（magnetic moment）とよぶ．単位体積あたりの磁気モーメントをその物質の**磁化の強さ**あるいは単に**磁化**（magnetization）といい，M で表す[*5]．これは前述の磁気分極と一致する．磁気モーメント $\boldsymbol{\mu}$ が磁場 H の中で受ける力は，磁場方向を z 軸にとると

$$F_z = \mu_z \frac{\partial H}{\partial z} \tag{4-20}$$

で表される．このことは磁場 H 内で磁気モーメント $\boldsymbol{\mu}$ がもつ位置エネルギーが

[*4] 磁気モーメント $\boldsymbol{\mu}$（ベクトル）と前出の透磁率 μ（スカラー）は同じ μ を用いる慣習があるので，混同しないように注意を要する．

[*5] M の単位は（磁気モーメント）/（単位体積）＝Wb·m/m³＝Wb/m² となり，磁束密度と同じになる．

4.2 電磁気学との関連

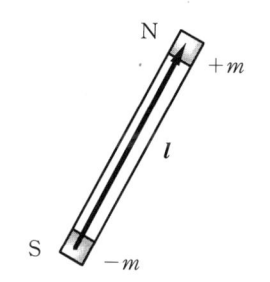

図 4-3 磁気モーメント μ

μ は磁気量の絶対値 m と負極（S）から正極（N）へ向かうベクトル l との積 ml で表す

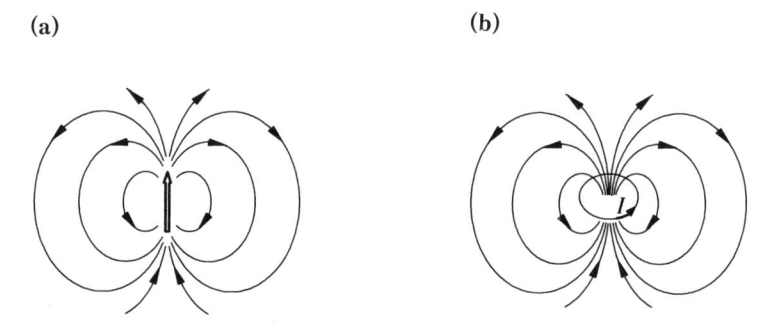

(a)　　　**(b)**

図 4-4 磁気モーメント(a)とループ電流 I(b)による磁力線

$$U = -\boldsymbol{\mu} \cdot \boldsymbol{H} \tag{4-21}$$

で表されることを示している．

　空間に小さい磁気モーメントが存在する場合，その付近の磁場に沿って描いた磁力線は，図 4-4(a)に示すように，正極から出て負極に入る．これは電流が環状に流れている場合にその周囲にできる磁場の磁力線（図 4-4(b)）に似ており，実際にループの半径が小さいときにはそれを小さな磁気モーメントとみることができる．

　このような環状電流（ループ電流）の強さを I [A]，ループの断面積を A [m²] とすれば，これを磁気モーメントとみた場合には，その大きさは

第 4 章 磁　性

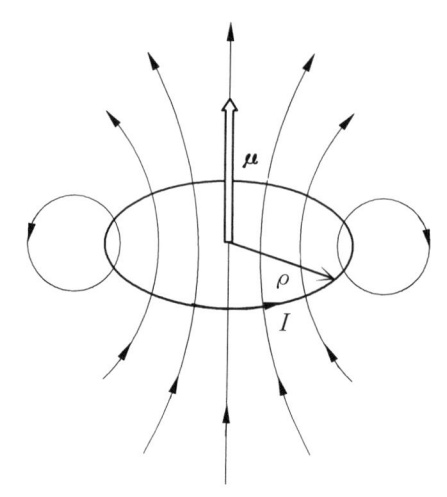

図 4-5　ループ電流 I による磁気モーメント μ

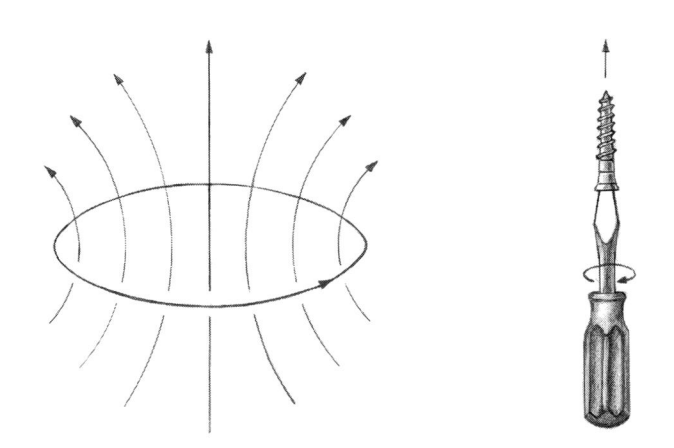

右ねじの法則．ループ電流のループの上に右ねじをおき，電流の向きにねじを回転したとき，ねじが進む向きに磁気モーメントが生じる

ループ電流の大きさとループの面積の積

$$\mu = \mu_0 I A \quad [\text{Wb}\cdot\text{m}] \tag{4-22}$$

で，向きは右ねじの法則で表される．すなわち，ループの上に右ねじをおき，電流の向きにねじを回転したとき，ねじが進む向きに大きさ $\mu_0 IA$ の磁気モーメントをもつとみなすことができる．物質の磁化の強さ M はその単位体積中における原子分子の磁気モーメントの総和で表され，これは正負両極に現れる単位面積あたりの磁気量に等しい [$\text{Wb}\cdot\text{m}/\text{m}^3=\text{Wb}/\text{m}^2$ あるいは T]．

4.3 磁化率

物質の磁性を表す最も重要な物性値として磁化率がある．物質を磁場の中におくと，その物質は磁化して**磁化の強さ** M をもつ．これは前述のように，両極の単位面積あたりの磁気量であり，また単位体積あたりの磁気モーメントでもある．磁化率 χ は(4-8)式より

$$\chi = \frac{M}{H} \quad [\text{Wb}/\text{A}\cdot\text{m}=\text{H}/\text{m}]$$

で定義される．物性値としては，これに1 mol の体積 V_m を掛けた

$$\chi_\text{m} = \chi V_\text{m}$$

の方が意味があり，この χ_m を 1 mol あたりの磁化率という．また，1 mol あたりの磁化の強さ

$$M_\text{m} = M V_\text{m}$$

を用いて

$$\chi_\text{m} = \frac{M_\text{m}}{H} \tag{4-23}$$

と書ける．M_m はその物質 1 mol を構成する原子または分子の磁気モーメントの和であり，その平均磁気モーメントを $\bar{\mu}$ とすれば

$$M_\text{m} = N_0 \bar{\mu}$$

第4章 磁 性

表 4-1 磁性体の分類と磁化率

種 類	磁化率	磁気モーメント
反磁性	-10^{-6}	なし
常磁性	$10^{-5} \sim 10^{-3}$	無視できる，無秩序
反強磁性	$10^{-5} \sim 10^{-3}$	等しい双極子逆平行配列
強磁性	正で大，磁場に依存	等しい双極子平行配列
フェリ磁性	正で大，磁場に依存	異なる双極子交互逆平行配列

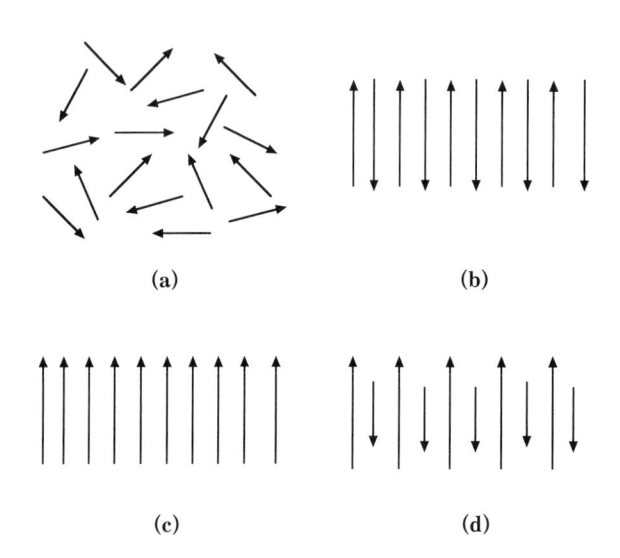

図 4-6 各種磁性における磁気モーメント（矢印）の配向
（a）常磁性，（b）反強磁性，（c）強磁性，（d）フェリ磁性

で表される．N_0 は 1 mol 中の原子数，すなわち，**アヴォガドロ**[†2]**数**（Avogadro's number ＝ 6.022×10^{23}/mol）である．

一般的に，磁化率の符号，絶対値の大きさ，温度依存性により，物質を次に示す5種類，**反磁性**（diamagnetism），**常磁性**（paramagnetism），**強磁**

---

†2 Amedeo Avogadro (1776-1856)，イタリアの物理学者．

性（ferromagnetism），**反強磁性**（antiferromagnetism），**フェリ磁性**（ferrimagnetism）に分類している．これらの磁性と磁化率，磁気モーメントの配向などの関係を表4-1にまとめて示す．また，各磁性体における磁気モーメントの配向の仕方を図4-6に示す．

4.4 反 磁 性

反磁性体は比磁化率 χ_r が -10^{-6} オーダーと非常に小さく，しかもマイナスの符号をもち，磁場の中でわずかに磁場と逆向きに磁化する．この性質をもつものには，希ガス He，Ne，Ar，Kr，Xe，貴金属 Cu，Ag，Au などがあるが，その他に H_2O や有機化合物なども多くは反磁性体である．また，アルカリ金属のうち，Na，K，Rb は常磁性体であるが，Cs は反磁性体であり，さらに Li^+，Na^+，K^+，Rb^+ イオン，およびハロゲン元素の陰イオン F^-，Cl^-，Br^-，I^- も反磁性をもつことが分かっている．このような事実から，**《閉殻構造をもつ原子またはイオンは反磁性である》**ことが推察される．以下，この見方が正しいことを理論的に示し，その反磁性磁化率を求めてみる．

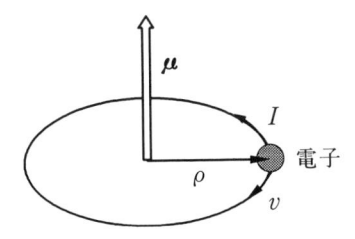

図 4-7 円運動を行っている電子によって生じる磁気モーメント μ

まず，磁場がかかっていない場合に，閉殻構造の原子またはイオン内の個々の電子が等速円運動を行っているとみなす．まず，ボーアの原子模型のように，1個の電子（質量 m_0，電荷 $-e$）が半径 ρ の円周上を速度 v で正方向に回っている場合を想定する（図 4-7）．

この円運動における角速度 ω_0（$2\pi\times$振動数），求心力 F（質量×加速度）および電流 I（単位時間に運ばれる電荷）[*6] は，それぞれ以下のように与えられる．

$$\text{角速度；} \omega_0 = \frac{2\pi}{T} = \frac{2\pi}{2\pi\rho/v} = \frac{v}{\rho}, \quad \text{ただし } T \text{ は周期,}$$

$$\text{求心力；} F = m_0 \frac{v^2}{\rho} = m_0 \rho \omega_0^2, \tag{4-24}$$

$$\text{電　流；} I = -\frac{ev}{2\pi\rho} = -\frac{e}{2\pi}\omega_0.$$

ここで，電流のマイナス符号は電子の運動方向と逆向きに電流が流れることを表している．この電流に伴う磁気モーメントは(4-22)式より

$$\mu = \mu_0 IA = \mu_0 I\pi\rho^2 = -\frac{1}{2}\mu_0 e\rho^2\omega_0 \tag{4-25}$$

となる．ここでのマイナス符号は磁気モーメントの向きが右ねじが進む方向と逆向きであることを示す．

この電子軌道に垂直に磁場 H がはたらくと，磁場によって電子が力を受けるが，その力は円軌道の中心に向っており，大きさは(4-18)式より，$\theta = \pi/2$ とおいて

$$F = IH(2\pi\rho)\left(\frac{e\omega_0}{2\pi}\right)H(2\pi\rho) = e\omega_0\rho H \tag{4-26}$$

と求められる．しかし，上述の求心力に磁場による力が加わるので，電子の角速度は増加し，あらたに ω となる．

$$\underset{\text{(求心力)}}{m_0\rho\omega_0^2} + \underset{\text{(磁場による力)}}{e\rho\omega_0 H} = \underset{\text{(遠心力)}}{m_0\rho\omega^2}. \tag{4-27}$$

この式より，磁場 H 内における電子の運動の角速度は

$$\omega = \omega_0\left(1 + \frac{\mu_0 eH}{m_0\omega_0}\right)^{1/2}$$

[*6] 電子は円軌道を1周するのに $2\pi\rho/v$ 秒かかるので，1秒間に $1/(2\pi\rho/v)$ 回回転する．これに電子の電荷 $-e$ をかけるとループ電流 $I = -ev/2\pi\rho$ が求まる．

4.4 反磁性

となる．H が小さければ，この式を展開して

$$\omega = \omega_0 + \frac{\mu_0 eH}{2m_0} \tag{4-28}$$

を得る．

以上の取り扱いは電子が右回り（正の向き）に回転している場合の角速度変化であるが，同じ軌道を左回り（負の向き）に回る場合には磁場による力は外向きに働くので

$$m_0 \rho \omega_0^2 - e\rho\omega_0 H = m_0 \rho \omega^2 \tag{4-29}$$

が成り立つ．ω の正負を考え，右回りを $\omega>0$，左回りを $\omega<0$ とすれば，左回りの場合には

$$\omega = -\omega_0 \left(1 - \frac{\mu_0 eH}{m_0 \omega_0}\right)^{1/2}$$

となり，H が小さいときには

$$\omega = -\omega_0 + \frac{\mu_0 eH}{2m_0} \tag{4-30}$$

を得る．したがって，角速度の変化は電子が右回りあるいは左回りいずれの場合も

$$\Delta\omega = \frac{\mu_0 e}{2m_0} H \tag{4-31}$$

である．

ここまでは電子の軌道が磁場に垂直な円運動として取り扱ってきたが，もっと一般的には電子の軌道の歳差運動として(4-31)式が導き出せる．すなわち，磁場 H がかかると電子の軌道面がちょうどコマの運動に見られるように，磁場 H を軸として H の周りに $\Delta\omega$ の角速度で首振り運動を行う．これを**ラーモア**[†3]**の歳差運動**（Larmor precession）という（図4-8）．勢いよく回っているコマはまっすぐ立っているが，勢いが弱くなるとコマの軸が少し傾き，重力と床の抗力による偶力がコマを倒そうとするが，倒れないで味噌

[†3] Joseph Larmor (1857-1942)，イギリスの理論物理学者．

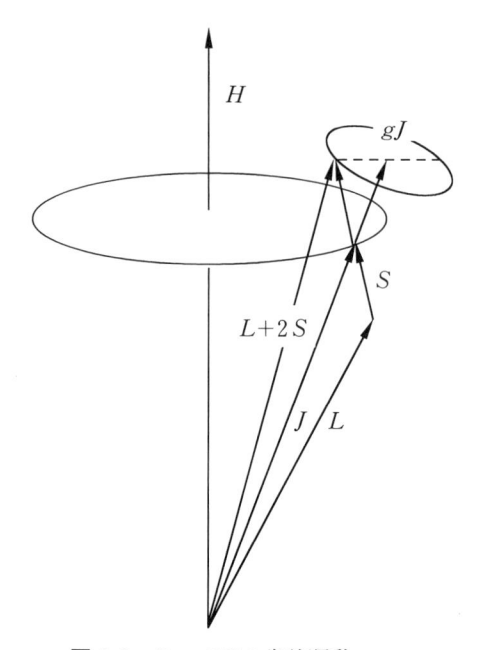

図4-8 ラーモアの歳差運動
H：磁場，L：角運動量，S：スピン角運動量，J：全角運動量，g：ランデのg因子（これらの記号の詳細については4.5節参照）

すり（首振り）運動を行う．これに伴う磁気モーメントの増加として，(4-25)式から

$$\Delta\mu = -\frac{1}{2}\mu_0 e\rho^2(\Delta\omega_0) = -\frac{\mu_0^2 e^2}{4m_0}\rho^2 H \tag{4-32}$$

を得る．この首振り運動の角速度のために磁気モーメントが外部磁場と反対方向に生じることになる．この場合，ρは軌道の中心（原子核）を通る磁場に平行な直線からみた電子の距離である．

閉殻構造の原子またはイオンについては，$H=0$のときの磁気モーメントは右回りと左回りで互いに逆になり相殺する．しかし，$H \neq 0$のときは，付

4.4 反磁性

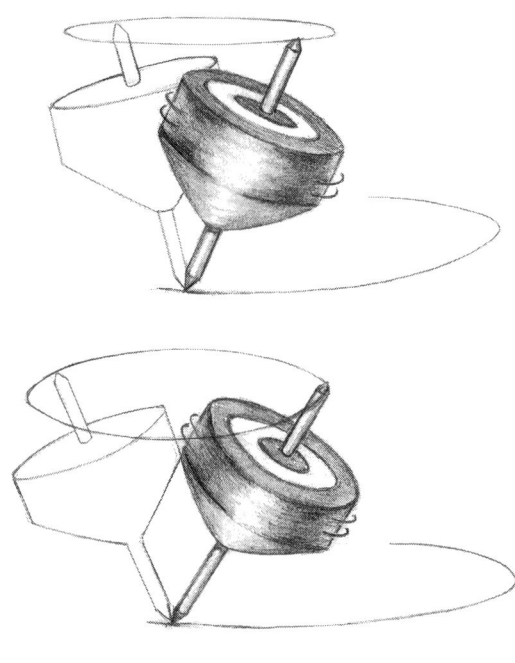

コマの味噌すり運動

け加わる磁気モーメント $\Delta\mu$ は同じ向きで同じ大きさなので，Z_e 個の電子について足し合わせた1原子あたりの磁気モーメントは

$$\bar{\mu} = -\frac{Z_e \mu_0^2 e^2}{4 m_0} \overline{\rho^2} H \tag{4-33}$$

となる．ここで，$\overline{\rho^2}$ はその原子またはイオン内の Z_e 個の電子について軌道半径の磁場に垂直な成分の2乗の平均値をとることを示す．閉殻構造では電子の分布は球対称であり，$\overline{x^2} = \overline{y^2} = \overline{z^2}$ が成り立つので

$$\overline{\rho^2} = \overline{x^2 + y^2} = \frac{2}{3}\overline{x^2 + y^2 + z^2} = \frac{2}{3}\overline{r^2}$$

である．これより

$$\bar{\mu} = -\frac{Z_e \mu_0^2 e^2 H}{6m_0} \overline{r^2} \qquad (4\text{-}34)$$

となり，アヴォガドロ数を N_0 とすると，1 mol あたりの磁化率 χ_m として

$$\chi_m = -\frac{N_0 Z_e \mu_0^2 e^2}{6m_0} \overline{r^2} \qquad (4\text{-}35)$$

を得る．

以上のように，閉殻構造をもつ原子またはイオンでは，磁場がかかっていないとき自発磁気モーメントはゼロであるが，磁場のもとでは磁気モーメントが誘発される．磁気モーメントの向きは磁場と逆向きで大きさは(4-34)式で与えられ，したがって磁化率は負の値をとる．反磁性磁化率のおよその大きさを見積もるために，(4-35)式を μ_0 で割った χ_m/μ_0 に

表4-2 閉殻原子の反磁性磁化率（cgs 単位系で表してあるので，MKS 系に直すには 4π 倍する必要がある）

Atom or Ion	Z	Z_e	χ_{exp} cm^3/mol	χ_{theo} cm^3/mol
He	2	2	-1.9	-1.9
Li$^+$	3	2	-0.7	-0.7
F$^-$	9	10	-9.4	-8.1
Ne	10	10	-7.2	-8.6
Na$^+$	11	10	-6.1	-5.6
Mg^{++}	12	10	-4.3	-4.2
Cl$^-$	17	18	-24.2	-25.2
Ar	18	18	-19.4	-20.6
K$^+$	19	18	-14.6	-14.1
Ca^{++}	20	18	-10.7	-11.1
Br$^-$	35	36	-34.5	-39.2
Kr	36	36	-28	
Rb$^+$	37	36	-22.0	-25.1
Sr^{++}	38	36	-18.0	-21.0
I$^-$	53	54	-50.6	-58.5
Xe	54	54	-43	
Cs$^+$	55	54	-35.1	-38.7
Ba^{++}	56	54	-29.0	-32.6

4.4 反磁性

表 4-3 反磁性磁化率と原子・イオンの大きさの関係

Z_e	Atom or Ion	$\chi_{\exp} \times 10^{12}$ m³/mol	$\overline{r^2} \times 10^{20}$ m²	$\sqrt{\overline{r^2}} \times 10^{10}$ m	Atomic or Ionic rad.$\times 10^{-10}$ m
2	He	-1.9	0.3358	0.58	
	Li$^+$	-0.7	0.1237	0.35	0.78
10	F$^-$	-9.4	0.3323	0.58	1.33
	Ne	-7.2	0.2545	0.50	
	Na$^+$	-6.1	0.2156	0.46	0.98
	Mg^{++}	-4.3	0.1520	0.39	0.78
18	Cl$^-$	-24.2	0.4753	0.69	1.81
	Ar	-19.4	0.3810	0.62	
	K$^+$	-14.6	0.2867	0.54	1.33
	Ca^{++}	-10.7	0.2101	0.46	1.06
36	Br$^-$	-34.5	0.3388	0.58	1.96
	Kr	-28.0	0.2749	0.52	
	Rb$^+$	-22.0	0.2160	0.46	1.49
	Sr^{++}	-18.0	0.1767	0.42	1.27

$$N_0 \approx 6 \times 10^{23}, \quad Z_e \approx 10, \quad \mu_0 = 4\pi \times 10^{-7}, \quad e = 1.6 \times 10^{-19},$$
$$m_0 = 9.1 \times 10^{-31}, \quad \overline{r^2} \approx 10^{-21}$$

を代入すると

$$\chi_r \approx -10^{-11} \text{ m}^3/\text{mol} \quad (= -10^{-5} \text{ cm}^3/\text{mol})$$

となり，実測値と大体合う．実際に実測値と比較するには$\overline{r^2}$をそれぞれの原子またはイオンについて求めなければならないが，これは量子力学を用いて算出できる．表 4-2 は量子力学より$\overline{r^2}$を求めて計算した磁化率χの理論値といろいろな実験値から得られたそれらの原子からなるガス物質の磁化率である．理論値と実験値との一致は満足のいくものである．

(4-35)式は反磁性磁化率が原子またはイオン内の電子数Z_eとその球対称分布r^2の平均値$\overline{r^2}$から決まることを示しているが，χに実測値を入れ，$\overline{r^2}$および$\sqrt{\overline{r^2}}$を求めると表 4-3 のようになる．電子数Z_eの異なる原子，分子の間では重い原子，イオンほど$\overline{r^2}$が大きく，同じZ_eでは原子番号Zの大

きいものほど小さいことが分かる．一般に，Z が増すにつれ，電子数が多くなり，原子の周りにおける電子の分布が広がる．同じ電子数の原子あるいはイオンの間では，Z が大きいほど原子核の正電荷 $+Z$ が大きく，電子を引き付ける力が強いため $\overline{r^2}$ は小さくなることを意味している．このように，反磁性磁化率は原子やイオンの大きさに直接関係しており，磁化率を測定することは原子の大きさを間接的に見ていることになる．

4.5 遷移元素イオンの常磁性

前節で述べたように，閉殻構造をもつ原子またはイオンは $Z_e \overline{r^2}$ に比例する反磁性磁化率をもっているが，不完全殻構造の原子では反磁性は価電子の常磁性によって覆われてしまう傾向にある．例えば，Na 原子では Na^+ イオンは反磁性であるが価電子の常磁性の方が強く，全体として常磁性を示す．この傾向は K や Rb でも同じである．しかし，Cs 原子になると Cs^+ イオンは相当大きいので反磁性磁化率も大きく，価電子の常磁性がこれを打ち消すことができず，全体としては反磁性を示す．この傾向は Cu，Ag，Au などの貴金属においても成り立っている．このように，《**不完全殻構造にある原子は常磁性を示す**》といえる．この傾向が強く現れるのは，特に遷移元素である．この節では，その常磁性について述べることとし，他の1価金属 Na，K，Rb；Cu，Ag，Au については，別に 4.6 節の金属の磁性で触れる．

遷移元素イオンを含む物質は強い常磁性を示すが，これはそのイオンが一定の磁気モーメントをもつことに起因している．原子またはイオンの磁気モーメントの原因には主に次の3つが考えられる．

（ⅰ）電子の軌道運動（公転），
（ⅱ）電子のスピン運動（自転），
（ⅲ）原子核のスピン．

磁気モーメントの大きさは質量に反比例するので，上の3つのうち (ⅲ) 原子

4.5 遷移元素イオンの常磁性

核のスピン運動は，原子核の質量が電子に比べてはるかに大きいため無視できる[*7]．そこで，(ⅰ)電子の軌道運動と(ⅱ)電子のスピンについて，調べることにする．

まず，(ⅰ)の電子の軌道運動による磁気モーメントを見ていく．原子核の周りを多くの電子が回っていることはそれぞれが角運動量をもっていることを意味し，全体として軌道運動による角運動量の和 L が考えられる．一方，このことは原子核の周りにループ電流が流れていることになり，そのために磁気モーメント（**軌道磁気モーメント**）μ_{orb} を生じる．この2つの関係は

$$\boldsymbol{\mu}_{\mathrm{orb}} = -\frac{\mu_0 e}{2 m_0} \boldsymbol{L} \tag{4-36}$$

で与えられる．すなわち，角運動量ベクトル L の方向は電子の回転軌道面に垂直で，電子の回転方向に右ねじを回すときその進む向きである．また軌道角運動量に伴う磁気モーメントの方向は電子の回転軌道面に垂直で，電流の流れに右ねじを回すときその進む向きである．軌道磁気モーメントの大きさの2乗は

$$\mu_{\mathrm{orb}}{}^2 = \frac{\mu_0{}^2 e^2}{4 m_0{}^2} L^2$$

で与えられる．量子力学によれば，L^2 は量子化されており，角運動量量子数 l によって

$$L^2 = l(l+1)\hbar^2, \quad l = 0, 1, 2\cdots \tag{4-37}$$

で表されるので，軌道磁気モーメントは

$$\mu_{\mathrm{orb}} = \frac{\mu_0 e \hbar}{2 m_0} \sqrt{l(l+1)} = \mu_{\mathrm{B}} \sqrt{l(l+1)} \tag{4-38}$$

となる．ここで，

[*7] 原子核を構成する核子（陽子と中性子）に起因する磁気モーメントは，後述の(4-39)式で与えられるボーア磁子 μ_{B} 中の電子の質量 m_0 を，陽子の質量 m_{p} で置き換えた $\mu_{\mathrm{p}} = \mu_0 e\hbar/2m_{\mathrm{p}} = 6.345 \times 10^{-33}$ [Wb・m] を単位として与えられる．$\mu_{\mathrm{p}}/\mu_{\mathrm{B}} \approx 1/2000$ と非常に小さく，陽子のスピンによる磁気モーメントは $2.79\mu_{\mathrm{p}}$，中性子のものは $-1.91\mu_{\mathrm{p}}$ であり，核子の磁気モーメントは無視できる．

$$\mu_B = \frac{\mu_0 e \hbar}{2m_0} = 1.1653 \times 10^{-29} \text{ Wb·m} \tag{4-39}$$

をボーア磁子[*8]（Bohr magneton）とよび，磁気モーメントの最小単位である．これを用いると

$$\boldsymbol{\mu}_{\text{orb}} = -\mu_B \boldsymbol{L}/\hbar \tag{4-40}$$

と書ける．z軸を磁場の方向にとると，この方向の成分は

$$\mu_{\text{orb·}z} = -\mu_B L_z/\hbar$$

となるが，磁場 H のもとでは L_z もまた磁気量子数 m によって量子化されており

$$L_z = m\hbar, \quad m = 0, \pm 1, \pm 2, \cdots \pm l \tag{4-41}$$

と表されるので，勝手な大きさをとることができず $\hbar$ の整数倍の値，すなわち $m\hbar$ に限定される．軌道角運動量に対応して磁気モーメントも量子化されていて，その z 成分は

$$\mu_{\text{orb·}z} = -\mu_B m \tag{4-42}$$

と書ける．

次に，（ii）の電子のスピン運動は，前述のように電子の自転運動に相当し，その角運動量は個々の電子については大きさが $1/2\hbar$ で向きは上向きか下向きに限られる．この場合，電子自身がループ電流のように振舞うということで理解され，スピン角運動量にスピン磁気モーメントが付随する．すなわち，電子の位置に小さな磁石があるのと同じである．1個の原子内を多くの電子が回っているときには，軌道角運動量のほかにスピン角運動量の和 $\boldsymbol{S}$ が存在し，これに付随する**スピン磁気**モーメントを生じる．これは次式で表される[*9]．

$$\boldsymbol{\mu}_{\text{spin}} = -\frac{\mu_0 e}{m_0}\boldsymbol{S} = -\frac{\mu_0 e \hbar}{2m_0}\frac{2\boldsymbol{S}}{\hbar} = -\mu_B \frac{2\boldsymbol{S}}{\hbar} \tag{4-43}$$

[*8] cgs 単位系では $\mu_B = \dfrac{e\hbar}{2m_0 c} = 0.9274 \times 10^{-20}$ erg/Oe である．

[*9] スピン磁気モーメントは軌道磁気モーメントと比べて係数が2倍になっていることに注意．

4.5 遷移元素イオンの常磁性

スピン磁気モーメント $\boldsymbol{\mu}_{\text{spin}}$ はスピン角運動量 $\boldsymbol{S}$ に比例し，その方向は $\boldsymbol{S}$ とは逆向きである．スピン角運動量の大きさ S とその磁場方向成分 S_z はスピン角運動量量子数 s およびスピン磁気量子数 m_s によって

$$S=\sqrt{s(s+1)}\,\hbar, \quad s=1/2 \tag{4-44}$$

$$S_z=m_s\hbar, \quad m_s=-1/2, 1/2 \tag{4-45}$$

と表されるので，スピン磁気モーメントの大きさ μ_{spin} およびその磁場方向（z 軸方向）成分は

$$\mu_{\text{spin}}=2\mu_B\sqrt{s(s+1)}\,\hbar, \tag{4-46}$$

$$\mu_{\text{spin}\cdot z}=-2\mu_B m_s \tag{4-47}$$

となる．結局，原子内の電子の運動による全磁気モーメントは，（ⅰ）の電子の軌道磁気モーメントと（ⅱ）のスピン磁気モーメントを合わせて

$$\boldsymbol{\mu}=\boldsymbol{\mu}_{\text{orb}}+\boldsymbol{\mu}_{\text{spin}}=-\mu_B(\boldsymbol{L}+2\boldsymbol{S})/\hbar \tag{4-48}$$

で与えられる．

一方，全角運動量 $\boldsymbol{J}$ は 2 つの角運動量，すなわち軌道角運動量 $\boldsymbol{L}$ とスピン角運動量 $\boldsymbol{S}$ をベクトル的に加え合わせた

$$\boldsymbol{J}=\boldsymbol{L}+\boldsymbol{S} \tag{4-49}$$

で与えられ[*10]，これは外力が働かない限り保存される．したがって，磁気モーメントの平均値（量子力学的平均値）は $\boldsymbol{J}$ 方向を向き

$$\boldsymbol{\mu}=-(\mu_B/\hbar)g\boldsymbol{J} \tag{4-50}$$

で与えられる．ここで，g はランデの g-因子（Lande's g-factor）とよばれる値である．軌道運動に対して $g=1$，スピンに対して $g=2$ であるが，磁気モーメントには軌道運動とスピンの両方が寄与するので，g は半端な非整数値となる．量子力学によれば $\boldsymbol{J}$ は

$$J^2=j(j+1)\hbar^2 \tag{4-51}$$

で与えられる．ここに，j は全角運動量量子数とよばれる．$\boldsymbol{L}$ と $\boldsymbol{S}$ もとも

[*10] 原子が基底状態にあるとき，$\boldsymbol{L}$, $\boldsymbol{S}$, $\boldsymbol{J}$ はフントの規則（Hund rule）により決められる（付録 C 参照）．

に量子化されているので J も量子化されねばならず，したがって，J はある限定された値のみをとる．j の値は電子の個数が

偶数個の場合；正の整数　$0, 1, 2, \cdots$,

あるいは

奇数個の場合；正の半整数　$1/2, 3/2, 5/2, \cdots$

の値に限られる．いま

$$J_z = m_j \hbar \tag{4-52}$$

とおけば

$$m_j = -j,\ -(j-1),\ -(j-2),\ \cdots +(j-2),\ +(j-1),\ +j$$

すなわち，$2j+1$ 通りの値のみが許される．例えば，

$j=4$ のとき　；$m_j = -4, -3, -2, -1, 0, +1, +2, +3, +4$,

$j=5/2$ のとき；$m_j = -5/2, -3/2, -1/2, +1/2, +3/2, +5/2$

である．磁場方向の磁気モーメントの成分は

$$\mu_z = -\mu_B g J_z/\hbar = -\mu_B g m_j \tag{4-53}$$

で与えられるので，磁場 H の中で，この原子磁気モーメントがもつエネルギーは

$$E(m_j) = -\mu_z H = g\mu_B H m_j \tag{4-54}$$

で与えられる．このように不完全殻構造の原子は一般に全角運動量方向に平均の磁気モーメントをもち，その大きさは $\sqrt{j(j+1)}\mu_B$ で，方向は量子化されていて $2j+1$ 個の異なる向きがある．また，磁場の下では方向によって異なるエネルギーをもつが，完全な閉殻構造の原子では $J=0$ すなわち自発磁気モーメントを伴わないことが明らかである．

この節の最後に，常磁性磁化率 χ を理論的に求め，その挙動を実験結果と対比させて考察しておく．上記のような磁気モーメントをもつ原子またはイオンの集団からなる系を考える．この系が磁場 H 内で温度 T において熱平衡にあるとき，$m_j \equiv m$ の状態に原子を見出す確率は

$$W(m) = C_0 \exp\{-E(m)/k_B T\} \tag{4-55}$$

で表される．C_0 は規格化定数で $\sum_m W(m)=1$，すなわち

$$C_0 = \frac{1}{\sum_{m=-j}^{+j} \exp\{-E(m)/k_B T\}} \tag{4-56}$$

である．このとき磁場方向の原子磁気モーメントの成分の平均値は

$$\overline{\mu_z} = \sum_m -g\mu_B m W(m) \quad (m=-j, -(j-1), \cdots, +(j-2), +(j-1), +j)$$

で与えられる．$E(m)=g\mu_B mH$ を用いて $\overline{\mu_z}$ を計算すると

$$\overline{\mu_z} = g\mu_B j B_j(x), \tag{4-57}$$

ただし，

$$x = g\mu_B jH/k_B T$$

を得る[*11]．ここで，$B_j(x)$ は**ブリルアン関数**（Brillouin function）とよばれ

$$B_j(x) = \frac{2j+1}{2j}\coth\left(\frac{2j+1}{2j}x\right) - \frac{1}{2j}\coth\left(\frac{1}{2j}x\right) \tag{4-58}$$

で表される．1 mol の物質については磁化の強さは

$$M = N_0 \overline{\mu_z} = N_0 g\mu_B j B_j\left(\frac{g\mu_B jH}{k_B T}\right) \tag{4-59}$$

であり，常磁性磁化率 χ は磁場 H，温度 T の関数として

$$\chi(H, T) = \frac{N_0 g\mu_B j}{H} B_j\left(\frac{g\mu_B jH}{k_B T}\right) \tag{4-60}$$

となる．

以上の理論結果を実験結果と比較するにあたり，高磁場・低温の場合と低磁場・高温の場合に分けて考える．まず $x \to +\infty$（高磁場・低温）と $x \to 0+$（低磁場・高温）に対するブリルアン関数 $B_j(x)$ の振舞いをみておく．$z \to +\infty$ のとき $\coth z \to 1$ より

$$x \to +\infty \text{ に対して } B_j(x) \to 1, \tag{4-61}$$

$z \to 0$ のとき $\coth z \approx \frac{1}{z}\left(1+\frac{1}{3}z^2\right)$ より

[*11] 導出については付録 D 参照．

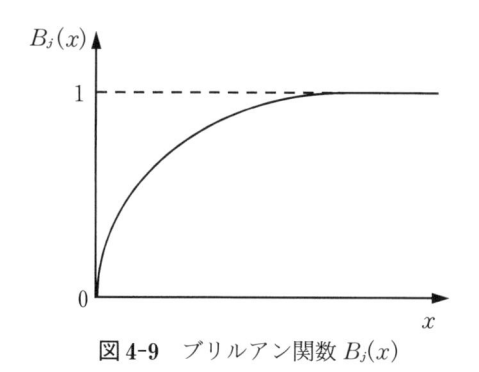

$$x \to 0+ \text{ に対して } B_j(x) \to \frac{j+1}{3j}x \tag{4-62}$$

を得る．全体として $B_j(x)$ は x の関数として，図 4-9 のような挙動を示す．

① 強磁場・低温の場合

この条件下では，$g\mu_B jH/k_B T \gg 1$ なので

$$\frac{M}{N_0 \mu_B} = \frac{\overline{\mu_z}}{\mu_B} = gjB_j\left(\frac{g\mu_B jH}{k_B T}\right) \to gj \tag{4-63}$$

である．図 4-10 は，Cr^{3+}，Fe^{3+}，Gd^{3+} イオンを含む常磁性塩について，$T=1.30, 2.00, 3.00, 4.21\,K$ で磁場 H をいろいろ変えて磁化の強さ M を測定し，$M/(N_0 g\mu_B) = \overline{\mu_z}(g\mu_B)$ を $g\mu_B jH/k_B T$ の関数として表したものである．実線は $jB_j(x)$ の計算値を示す．理論と実験の一致は極めてよく，測定値の漸近値から Cr^{3+}，Fe^{3+}，Gd^{3+} に対して，$g=2$；$j=3/2, 5/2, 7/2$ であることが分かる．

② 弱磁場・高温の場合

この条件下では，$g\mu_B jH/k_B T \ll 1$ なので

$$\chi(H, T) \approx \frac{N_0 g\mu_B j}{H} \cdot \frac{(j+1)}{3j} \cdot \frac{g\mu_B jH}{k_B T} = \frac{N_0 g^2 j(j+1)\mu_B^2}{3k_B T} \tag{4-64}$$

と表されるが，(4-50)式より

$$\mu = -(\mu_B/\hbar)g\boldsymbol{J}$$

4.5 遷移元素イオンの常磁性

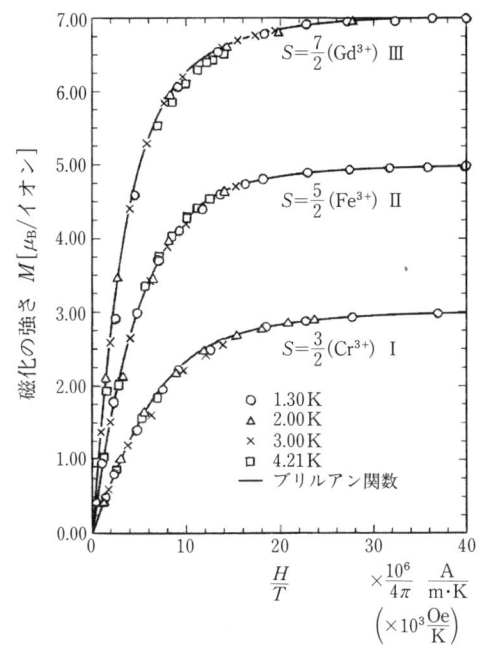

図 4-10 常磁性塩のイオン1個あたりの磁気モーメント（近角聰信：強磁性体の物理，1978；W. E. Henry: Phys. Rev. **89** (1952), 559）

であり，(4-51)式の関係 $J^2 = j(j+1)\hbar^2$ より

$$\mu^2 = \mu_B^2 g^2 j(j+1), \quad \mu = \mu_B g \sqrt{j(j+1)} \tag{4-65}$$

となるので

$$\chi \approx \frac{N_0 \mu^2}{3k_B T} = \frac{C}{T}, \tag{4-66}$$

$$C = \frac{N_0 \mu^2}{3k_B} = \frac{N_0 g^2 \mu_B^2 j(j+1)}{3k_B} \tag{4-67}$$

を得る．すなわち，常磁性の磁化率は絶対温度 T に反比例する．この関係をキュリー[†4]の**法則**（Curie's law），比例定数 C を**キュリー定数**（Curie's

---

† 4　Pierre Curie (1859-1906)，フランスの化学者．1903年ノーベル物理学賞．

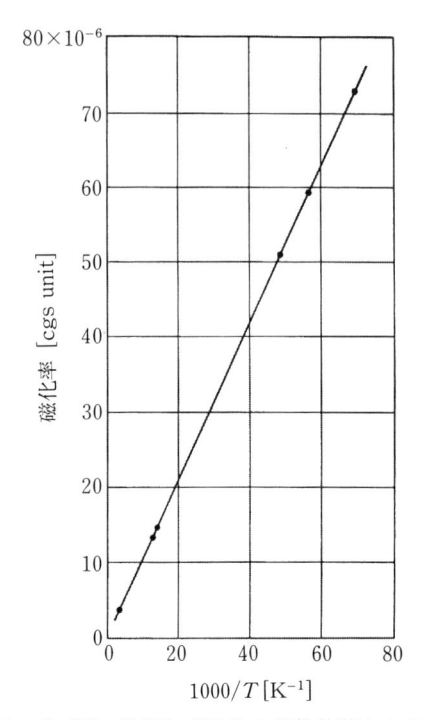

図 4-11　CuSO$_4$・K$_2$SO$_4$・6H$_2$O の単位体積あたりの磁化率

constant）とよぶ．したがって，この条件下で χ の測定値を $1/T$ の関数として表せば直線にのるはずである．直線の勾配は $N_0\mu^2/3k_B$ を与え，それから原子の磁気モーメントの大きさ μ が求まる．図 4-11 は CuSO$_4$・K$_2$SO$_4$・6H$_2$O 粉末の単位体積あたりの磁化率 χ_0 を $1/T$ の関数として表したものである．測定値はよく直線上にのっている．これから Cu^{2+} の磁気モーメントとして $\mu=1.9\mu_B$ を得る．Cu は 3d 殻まで電子が完全に詰まっており，その外側に価電子が 1 個回っているが，Cu^{2+} は閉殻に 1 個空席がある不完全殻構造であることに注意する必要がある．

4.6 金属の磁性

　金属の磁性は強磁性体の場合を除き，イオンの反磁性と自由電子の常磁性および反磁性の和となる．したがって，磁化率は

$$\chi = \chi_{\text{ion}} + \chi_{\text{fe}} \qquad (4\text{-}68)$$

で与えられる．イオンによる部分 χ_{ion} はすでに 4.4 節で述べたように反磁性で

$$\chi_{\text{ion}} = -N_\text{i} Z_\text{i} \frac{\mu_0^2 e^2}{6 m_0} \overline{r^2} \qquad (4\text{-}69)$$

で表される．ここで N_i はイオンの数，Z_i は 1 個のイオン中の電子数，$\overline{r^2}$ はイオン内電子の分布についての r^2 の平均値である．χ_{ion} は(4-69)式でみるように温度 T に依存していない．そこで，ここでは自由電子による磁化率 χ_{fe} を考えることにする．

　電子はそのスピンに伴って固有の磁気モーメントをもち，上向きスピン↑の電子は下向きに磁化しており，一方下向きスピン↓の電子は上向きに磁化している．すなわち

　　　上向きスピン↑　　　磁気モーメント↓　　　$\mu = -\mu_\text{B}$
　　　下向きスピン↓　　　磁気モーメント↑　　　$\mu = +\mu_\text{B}$

である．μ_B は前出のボーア磁子である．磁場 H の下でもつ位置エネルギーは

　　　上向きスピン↑　　　$+\mu_\text{B} H$
　　　下向きスピン↓　　　$-\mu_\text{B} H$

となる．したがって，金属内の自由電子のエネルギーは，上向きスピンの部分が全体として $\mu_\text{B} H$ だけ上がり，下向きスピンの部分は $\mu_\text{B} H$ だけ下がる．上向きスピンのフェルミ面近くの電子は一部下向きスピンの状態に移行し，両者が同じレベルに達する．その結果，全体として上向きスピンの電子が下向きスピンの電子より少なくなり，$N_\uparrow$ および $N_\downarrow$ をそれぞれ上向き，下向

きスピンの電子数とすれば

$$M=N_\uparrow(-\mu_B)+N_\downarrow(+\mu_B)=\mu_B(N_\downarrow-N_\uparrow)>0 \tag{4-70}$$

だけの磁化を得る．$H=0$ すなわち磁場がかかっていないときには

$$\uparrow スピンの状態数 \quad \frac{1}{2}Z(E)\mathrm{d}E=\frac{2\pi V(2m_0)^{3/2}}{h^3}E^{1/2}\mathrm{d}E$$

$$\downarrow スピンの状態数 \quad \frac{1}{2}Z(E)\mathrm{d}E=\frac{2\pi V(2m_0)^{3/2}}{h^3}E^{1/2}\mathrm{d}E$$

である．しかし，$H>0$ すなわち磁場がかかると↑スピンの状態はエネルギーが $\mu_B H$ だけ増加するので，$H=0$ のときの $(E-\mu_B H)$ における状態数が，$H>0$ では E のところの状態数となる．すなわち

$$\uparrow スピン \quad \frac{1}{2}Z(E-\mu_B H)\mathrm{d}E \quad -\mu_B$$

$$\downarrow スピン \quad \frac{1}{2}Z(E+\mu_B H)\mathrm{d}E \quad +\mu_B$$

この部分の磁気モーメントは

$$-\mu_B\frac{1}{2}Z(E-\mu_B H)+\mu_B\frac{1}{2}Z(E+\mu_B H)$$

$$=\frac{1}{2}\mu_B\frac{\partial Z}{\partial E}(2\mu_B H)=\mu_B{}^2 H\frac{\partial Z}{\partial E}$$

となる．これに伴う磁化は

$$\mathrm{d}M=\mu_B{}^2 H\frac{\partial Z}{\partial E}\mathrm{d}E$$

である．この状態を電子が占める確率を $f(E)$ とすると，磁化の強さ M は

$$M=\mu_B{}^2 H\int_0^\infty \frac{\mathrm{d}Z}{\mathrm{d}E}f(E)\mathrm{d}E \tag{4-71}$$

となる．したがって，磁化率 χ は

$$\chi=\frac{M}{H}=\mu_B{}^2\int_0^\infty \frac{\mathrm{d}Z}{\mathrm{d}E}f(E)\mathrm{d}E \tag{4-72}$$

で与えられる．ここで

$$Z(E)=\alpha E^{1/2}, \quad \alpha=\frac{4\pi V(2m_0)^{3/2}}{h^3},$$

である.

$$f(E) = \frac{1}{\exp\{(E-E_\mathrm{F})/k_\mathrm{B}T\}+1}$$

である.結果として,自由電子による常磁性磁化率は

$$\chi_\mathrm{fe}{}^\circ = \frac{3N\mu_\mathrm{B}{}^2}{2E_\mathrm{F}}\left\{1-\frac{\pi^2}{12}\left(\frac{k_\mathrm{B}T}{E_\mathrm{F}}\right)^2\right\} \cong \frac{3N\mu_\mathrm{B}{}^2}{2E_\mathrm{F}} \tag{4-73}$$

で与えられる.この項を電子スピン常磁性とよぶ.

このほかに,磁場の中で電子が円軌道を描いて運動するために生ずる反磁性がある.ランダウ[†5](Landau)によれば,この自由電子反磁性の磁化率は次式で与えられる.

$$\chi_\mathrm{fe}{}' = -\frac{N\mu_\mathrm{B}{}^2}{2E_\mathrm{F}}, \tag{4-74}$$

したがって,これら2つを合わせると

$$\chi_\mathrm{fe} = \chi_\mathrm{fe}{}^\circ + \chi_\mathrm{fe}{}' = \frac{N\mu_\mathrm{B}{}^2}{E_\mathrm{F}} \tag{4-75}$$

となる.結局,金属の磁化率は

$$\begin{aligned}\chi &= \chi_\mathrm{ion} + \chi_\mathrm{fe} \\ &= -N_i Z_i \frac{e^2}{6m_0}\overline{r^2} + \frac{N\mu_\mathrm{B}{}^2}{E_\mathrm{F}}\end{aligned} \tag{4-76}$$

で与えられる.例えば,Naでは$\chi>0$,Cuでは$\chi<0$であるが,これはイオンの反磁性$\chi_\mathrm{ion}<0$と自由電子の常磁性$\chi_\mathrm{fe}>0$の大小による.ただし,強磁性体では価電子といえども近似的には自由電子とはみなせないので,ここでの理論は当てはまらない.

4.7 遷移金属とその合金の磁性

遷移金属はdバンドが空でもなく,また完全には充満されてもおらず,そのために強い磁性を示すのが特徴である.これらの特性は,主にsバンド

[†5] Lev Davidovich Landau (1908-1968),ソ連の物理学者.1962年ノーベル物理学賞.

とこれよりエネルギーがやや低いところにあるdバンドとの重なりによって生じている．遷移金属には，下に示すように，第1群から第3群までがあり，それぞれ3d，4d，5dバンドが関与している．

第1群　3d…　Sc　Ti　V　Cr　Mn　Fe　Co　Ni ｜ Cu
第2群　4d…　Y　Zr　Nb　Mo　Tc　Ru　Rh　Pd
第3群　5d…　La　Hf　Ta　W　Re　Os　Ir　Pt

上述のように，遷移金属では一般にdバンドが完全に満ちていないが，ま

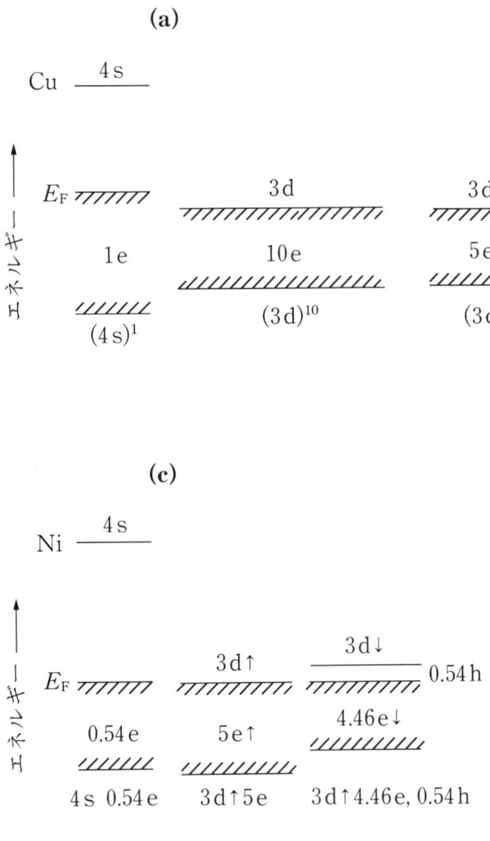

(a)

Cu　4s

エネルギー↑

E_F　　　　3d　　　　　3d↑　　　3d↓

1e　　　　10e　　　　　5e↑　　　5e↓

$(4s)^1$　　$(3d)^{10}$　　$(3d↑)^5$　$(3d↓)^5$

(b)

(c)

Ni　4s

エネルギー↑

E_F　　　　3d↑　　　3d↓　0.54h

0.54e　　5e↑　　4.46e↓

4s 0.54e　3d↑5e　3d↑4.46e, 0.54h

図4-12　CuおよびNiの4sおよび3dバンドの関係

ず Cu について，これらのバンド間の関係を見ておこう．Cu（$Z=29$）の 4s および 3d バンドの関係を図 4-12 に示す．図には 1 原子あたりの電子数も書き入れてある．4s バンド中にあるフェルミ準位と 3d バンド頂上との間のエネルギー差はかなり大きい．図（a）にみるように，3d バンドは 10 個の電子をもち，完全に満たされている．4s バンドには 2 個の電子を収容できるが，Cu では充満した 3d の外側に 1 個の価電子があるので，4s バンドは半分だけ満たされている．充満した 3d バンドは，図（b）のように交換相互作用によりサブバンド $3d_+$ と $3d_-$ に分かれ，それぞれ逆方向のスピンをもった 5 個ずつの電子により満たされている．両方のサブバンドが完全に満たされているので，d バンドの正味のスピンはゼロとなり，したがって磁気モーメントもゼロである．

次に，Cu より電子が 1 個少ない Ni（$Z=28$）のエネルギーバンドを図 4-12（c）に示す．サブバンド $3d_+$ は 5 個の電子で満たされ，$3d_-$ は 4.46 個の電子と 0.54 個の空席（正孔）をもっている．4s バンドでは，一般に逆方向のスピンをもった電子の数が等しいと考えられている．Ni のもつ 1 原子あたり $0.54\mu_B$ の磁気モーメントはサブバンド $3d_+$ と $3d_-$ の電子数が異なる

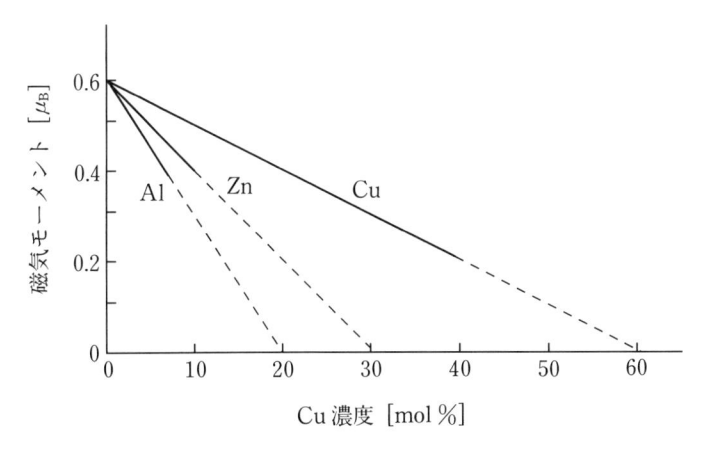

図 4-13 Ni に Cu を添加した場合の磁気モーメント
Cu の代わりに Zn および Al を加えた場合の様子も示している

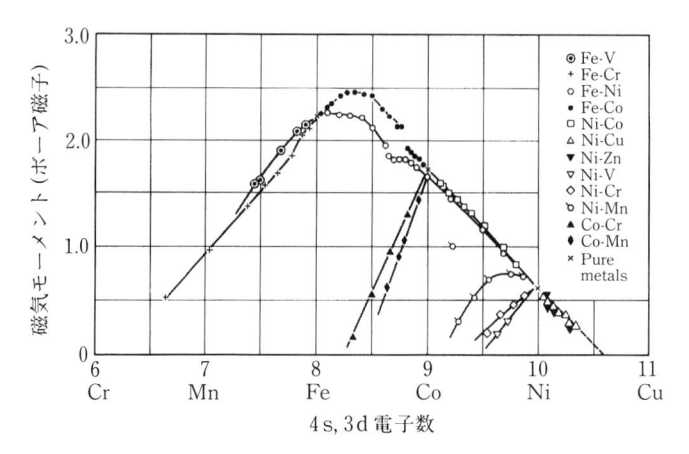

図 4-14 スレーター–ポーリング曲線（C. Kittel: Introduction to Solid State Physics, 7th Ed.）

ことから生じている．したがって

$$N_+ - N_- = 5 - 4.46 = 0.54$$

であり，1原子あたりの磁気モーメントは

$$\mu_B \times 0.54 = 0.54\mu_B$$

となる．すなわち，Ni には 1 原子あたり 0.54 個の正孔に相当する磁化が存在する．このような状態にある Ni に Cu を加えた合金の磁化はどうなるだろうか？ Cu を添加すると，Cu 原子 1 個につき 1 個の余剰電子が出る．Cu を少しずつ加えていくと，フェルミエネルギー E_F が段々と上がり，やがて正孔が消えて磁化がゼロとなる．この間の様子を図 4-13 に示す．Cu の代わりに Zn（2 価），Al（3 価）を加えた場合の傾向も同じバンド理論の立場から説明できる．これをもっと一般的に拡張したものが図 4-14 に示す**スレーター–ポーリング**[†6]**曲線**（Slater-Pauling curve）である．

[†6] John Clarke Slater（1900-1976），アメリカの理論物理学者．
Linus Carl Pauling（1901-1994），アメリカの物理化学者．1954 年ノーベル化学賞，1963 年ノーベル平和賞．

4.7 遷移金属とその合金の磁性

表 4-4 Fe, Co, Ni の磁化のバンド理論による解析

原子		Fe	Co	Ni
バンド内電子数		3d(7.4)4s(0.6)	3d(8.3)4s(0.7)	3d(9.4)4s(0.6)
3d	+	4.8	5.0	5.0
	−	2.6	3.3	4.4
4s	+	0.3	0.35	0.3
	−	0.3	0.35	0.3
磁化 ($N_+ - N_-$)		2.2	1.7	0.6

　飽和磁化の測定から，Fe, Co, Ni はそれぞれ原子 1 個あたり 2.22, 1.71, 0.606μ_B だけの磁化をもっているが，これをバンド理論で解析すると表 4-4 のようになる．表中の各数字はそのバンドに入っている電子数を 1 原子あたりに直したものである．

第5章
強磁性体

　遷移金属の中でも Fe，Co，Ni；Gd，Dy は特に強い磁性をもち，いわゆる磁石になる性質をもっている．それらの合金も同様な性質を示すことが多い．
　強磁性体はその性質が多岐にわたるので，章をあらためてその特徴について詳しく述べることにする．

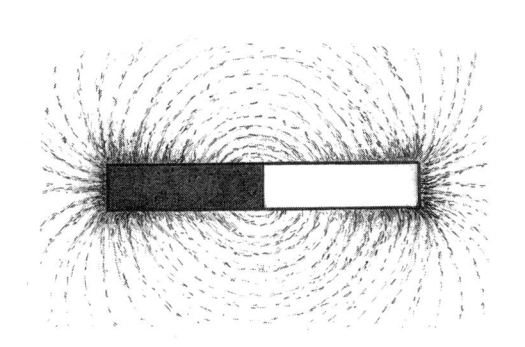

棒磁石による砂鉄模様（磁力線）

キーワード

強磁性体，キュリー温度，キュリー-ワイスの法則，分子磁場，磁区，磁気異方性，履歴曲線，反強磁性体，ネール温度，フェリ磁性体，フェライト

5.1 強磁性体の特徴

強磁性体は以下に列記する4つの特徴をもっている．

（ⅰ） **磁化率**（帯磁率）χ および**磁化の強さ** M が極めて大きい．

反磁性体および常磁性体では磁化率 χ の絶対値は1より非常に小さいが，強磁性体の χ は1より非常に大きく，したがって磁化の強さ M も外部磁場 H_e に比べて非常に大きい．

（ⅱ） 磁化の強さ M は外部磁場 H_e に複雑に依存する．磁化の強さ M を外部磁場 H_e の関数として表した曲線を**磁化曲線**といい，図5-1のように**履歴曲線**（hysteresis loop）を描く．

（ⅲ） **残留磁化** M_r（$\approx M_s$）は温度の上昇とともに減少し，特定の温度以上ではゼロとなる．この温度を**キュリー温度**（Curie temperature）あるいはキュリー点（Curie point）T_c とよび，強磁性金属単体では表5-1に示すとおりである．$M_s(T)$ の温度による変化は一般に図5-2のようになる．

（ⅳ） これらの物質は T_c 以下の温度では強磁性（$M_r \neq 0$）で実線のよう

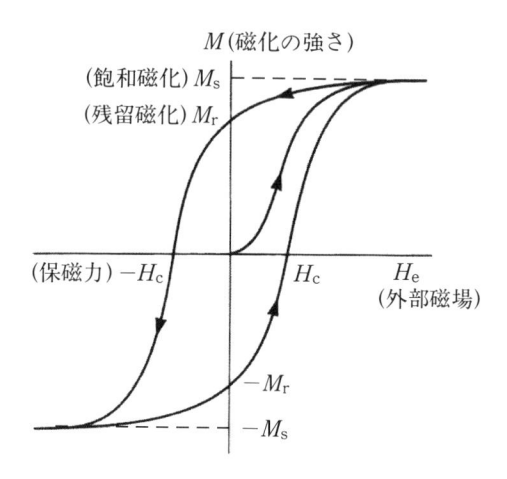

図5-1 強磁性体の履歴曲線

5.1 強磁性体の特徴

表 5-1 強磁性金属のキュリー温度（T_c）

Fe	Co	Ni	Gd	Dy
770°C	1127°C	358°C	16°C	−168°C
(1043 K)	(1400 K)	(631 K)	(289 K)	(105 K)

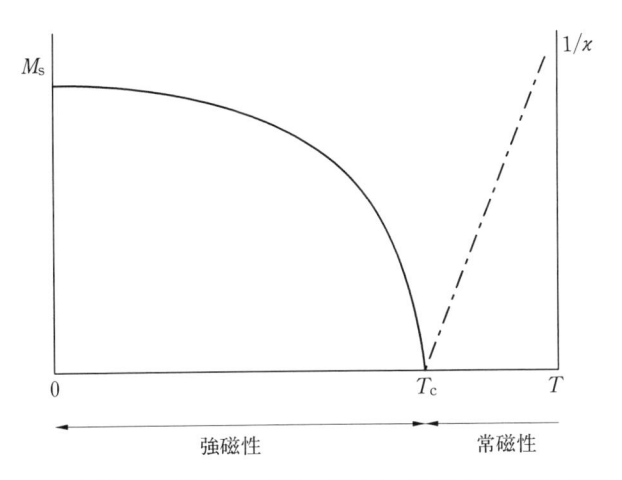

図 5-2 強磁性体の T_c 以下での磁化の強さと T_c 以上での磁化率の温度依存性

に変化するが，T_c 以上では常磁性（$M_r=0$, $M=\chi H$）となり，磁化率 χ は次式で表される**キュリー-ワイス**[†1]**の法則**（Curie-Weiss' law）

$$\chi = \frac{C}{T-T_c}$$

に従って点線のように変化する．

以上，強磁性体の一般的特徴として4つの性質を挙げた．次に，その原因およびそれに関連した問題点を原子論的にみていく．

---

†1 Pierre Weiss（1865-1940），フランス（のちスイス）の物理学者．

5.2 強磁性の統計理論と交換相互作用

(1) 磁化の温度依存性とキュリー-ワイスの法則

この節では強磁性体の4つの特徴のうち，(iii)磁化の強さの温度依存性と，(iv) $T > T_c$ での磁化率の振舞いについて**キュリー-ワイスの理論**を概説する．強磁性体の性質を統計力学的に説明するために，以下の仮定をおく．

(**仮定1**) 強磁性体内の原子はそれぞれ一定の大きさの磁気モーメント μ をもつ．

(**仮定2**) 磁気モーメントの向きは磁場 H に平行か反平行かのいずれかに限るものとする．

これら2つの仮定から以下の関係を得る．

磁気モーメントの向き	磁気モーメントの値	エネルギー	統計的確率
平 行（＋）	$+\mu$	$-\mu H$	$C_0 \exp(+\mu H/k_B T)$
反平行（－）	$-\mu$	$+\mu H$	$C_0 \exp(-\mu H/k_B T)$

ここで，C_0 は規格化定数である．N 個の原子のうち，磁気モーメントが磁場に平行な原子数を N^+，反平行な原子数を N^- とすれば，それらは統計的確率を用いて次式で表すことができる．

$$
\begin{aligned}
N^+ &= N \frac{e^{\mu H/k_B T}}{e^{\mu H/k_B T} + e^{-\mu H/k_B T}}, \\
N^- &= \frac{e^{-\mu H/k_B T}}{e^{\mu H/k_B T} + e^{-\mu H/k_B T}}.
\end{aligned}
\tag{5-1}
$$

また，磁化の強さ M は全体の磁気モーメントの和

$$
M = N^+ \mu + N^-(-\mu) = N\mu \frac{e^{\mu H/k_B T} - e^{-\mu H/k_B T}}{e^{\mu H/k_B T} + e^{-\mu H/k_B T}}
$$

で表される．すなわち，

$$
\begin{aligned}
M &= M_0 \tanh(\mu H/k_B T), \\
M_0 &= N\mu
\end{aligned}
\tag{5-2}
$$

となる．ここで，M_0 は $T=0$ での磁化の強さである．

(仮定3) 強磁性体内では，外から加えた磁場（**外部磁場** H_e のほかに，強磁性体自身がつくる磁場，**分子磁場**[*1] (molecular field) H_m が働いている．強磁性体内の原子はこれら両者の和

$$H = H_e + H_m \tag{5-3}$$

の磁場を感じている．

(仮定4) 分子磁場 H_m は磁化の強さ M に比例し

$$H_m = \lambda M \tag{5-4}$$

で与えられる．この λ を分子場係数とよぶ．

したがって，全体として磁場 H は(5-3)式より

$$H = H_e + \lambda M \tag{5-3'}$$

となる．(5-3')式を(5-2)式に代入すると，磁化の強さ M として

$$M = M_0 \tanh\left(\frac{\mu H_e + \lambda \mu M}{k_B T}\right) \tag{5-5}$$

を得る．この式は一般に磁化の強さ M が外部磁場 H_e と温度 T に依存することを表している．このことを強磁性領域（$T < T_c$）と常磁性領域（$T > T_c$）とに分けて考えてみる．

① 強磁性領域

強磁性領域では外部磁場 H_e は分子磁場 λM よりはるかに小さい．すなわち，$H_e \ll \lambda M$ なので H_e を省略すると，自発磁化の強さ M は

$$M = M_0 \tanh\left(\frac{\lambda \mu M}{k_B T}\right) \tag{5-6}$$

と表される．この式がある温度 T における磁化の強さ $M = M(T)$ を決める方程式となる．M について解くと図5-3に示すような振舞いを示す（磁化-

---

[*1] 強磁性体では，原子の各磁気モーメントに周囲の磁気モーメントから等しい平均的な相互作用すなわち分子磁場が働き，その結果磁気モーメントを一方向に整列させると考える．

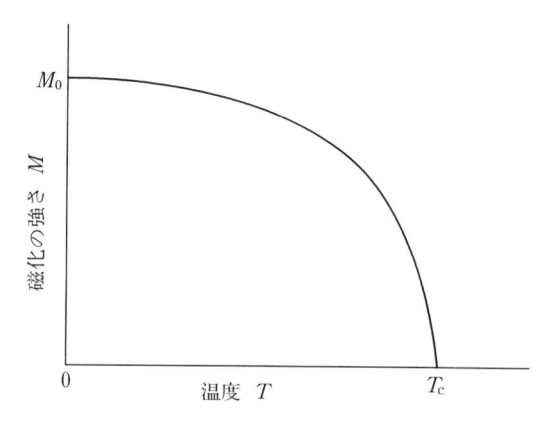

図5-3 磁化の強さ(M)-温度(T)曲線

温度曲線)*2．$T<T_c$の温度域で自発磁化の強さ M をもち，磁化は温度の上昇とともに最初はゆっくり次第に急激に減少し，キュリー温度 T_c*3

$$T_c = \frac{\lambda \mu M_0}{k_B} = \frac{N\lambda \mu^2}{k_B} \tag{5-7}$$

において消滅する．磁化の強さを M/M_0 で，温度を T/T_c で測れば，(5-6)，(5-7)式より

$$\frac{M}{M_0} = \tanh\left(\frac{T_c}{T} \cdot \frac{M}{M_0}\right) \tag{5-6'}$$

となり，M/M_0 と T/T_c の関係は特定の既知関数で表される．この関係と Fe，Co，Ni についての実測値を図5-4に示す．両者の一致はかなりよい．

② 常磁性領域

$T>T_c$ では(5-6)式からは $M=0$ になってしまうが，この場合には(5-5)式にもどり

---

　*2　磁化の強さの数値的求め方については付録E参照のこと．
　*3　T_c 直下で M が非常に小さいと考え，(5-6)式で $T=T_c$ とおき $\tanh(\lambda\mu M/k_B T_c) \approx \lambda\mu M/k_B T_c$ を用いれば $T_c = \lambda\mu M_0/k_B \cdots$ (5-7)を得る．

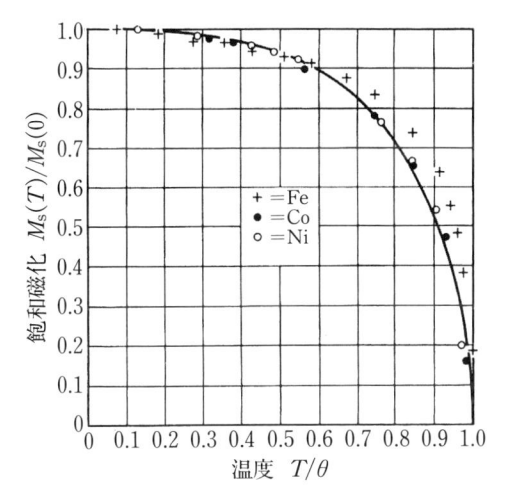

図 5-4　Fe, Co, Ni の飽和磁化 M_s の温度依存性（T. S. Hutchison and D. C. Baird : The Physics of Engineering Solids）

$$H_e \approx \lambda M$$

とみて右辺の H_e を省略せずに残し

$$k_B T \gg \mu H_e + \lambda \mu M$$

と考えれば，自発磁化の強さ M として

$$M = \frac{N\mu^2}{k_B T}(H_e + \lambda M) \tag{5-8}$$

を得る．ただし，$|x| \ll 1$ のとき $\tanh x \approx x$ の関係を用いた．これより

$$\chi = \frac{M}{H_e} = \frac{N\mu^2/k_B}{T - (N\lambda\mu^2)/k_B} \tag{5-9}$$

となるので，(5-7)式を用いると

$$\chi = \frac{C}{T - T_c} \tag{5-10}$$

を得る．ただし

$$C = \frac{N\mu^2}{k_B}$$

である．これが5.1節で述べた**キュリー-ワイスの法則**である．キュリー温度 $T_c=358°C$ の Ni について，磁化率の逆数 $1/\chi$（逆磁化率）の実測値を温度に対してプロットしたものを図5-5に示す．キュリー-ワイスの法則がよく成り立っているのが分かる．

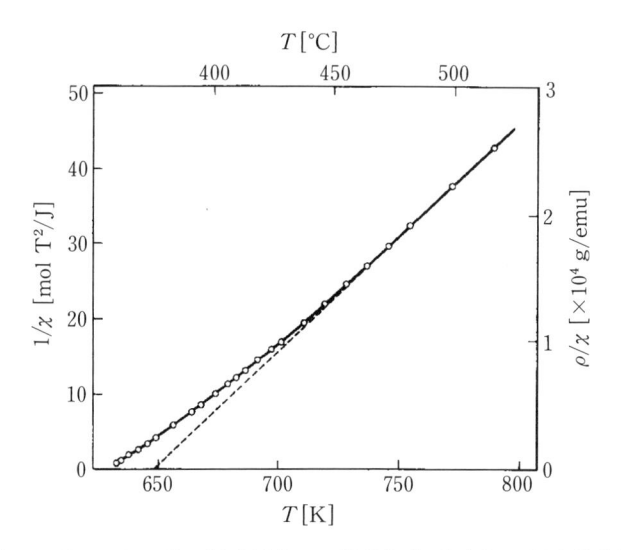

図5-5 Ni のキュリー温度以上での逆磁化率（$1/\chi$）の温度依存性
（溝口正：物性物理学，1989）

このように，仮定1〜4に基づく統計理論によって強磁性体の特徴のうち2つを説明することができた．ここで，λM によって表される分子磁場がどの程度の大きさかを見ておこう．前述の議論から，分子磁場の大きさの程度は λM_0 で表されると考えてよい．(5-7)式より

$$T_c = \frac{\lambda \mu M_0}{k_B}$$

の関係があるので，分子磁場の大きさは

$$\lambda M_0 = k_B T_c / \mu$$

で与えられる．ちなみに，Fe の実測値 $T_c \approx 1000$ K，$\mu \approx 2\mu_B$ を入れると

5.2 強磁性の統計理論と交換相互作用

$$\lambda M_0 = \frac{1.38\times 10^{-23}\times 1000}{2\times 1.17\times 10^{-29}} \approx 5.90\times 10^8 \text{ A/m} \quad (\approx 10^6 \text{ Oe})$$

を得る．現在，人工的につくり得る強磁場は電磁石で 10^6 A/m（$=10^4$ Oe），超伝導磁石で 10^7 A/m（$=10^5$ Oe）程度であるので，強磁性体の中では我々の発生し得る磁場の約100倍以上の非常に強い磁場が強磁性体自身によって作り出されていると考えられる．このように，自分自身で作り出す磁

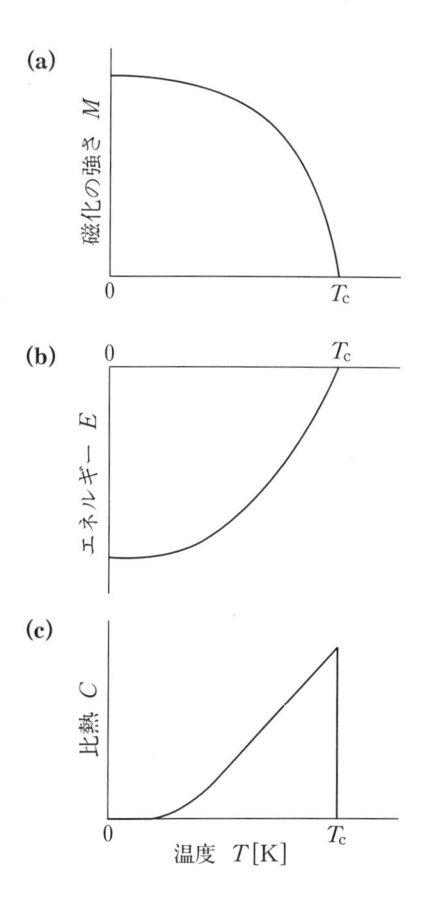

図5-6 強磁性体の磁化(a)，エネルギー(b)および比熱(c)の温度依存性

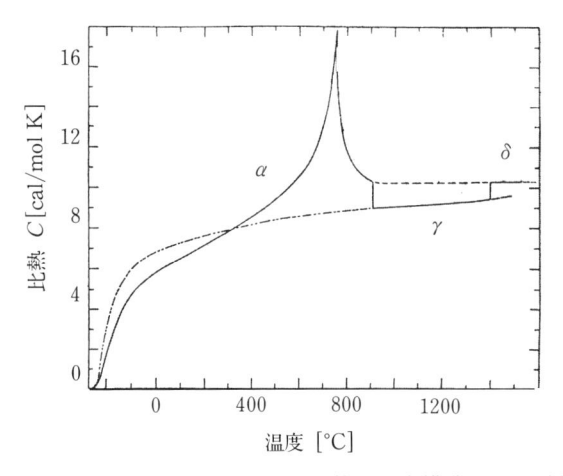

図 5-7 純鉄の比熱-温度曲線．α, δ は体心立方構造，γ は面心立方構造を表す（J. B. Austin : Indust. Eng. Chem. **24**, 1225（1932））

場の中で磁化しているときには，磁化していないときに比べてエネルギーは

$$E = -\int_0^M H' \, dM = -\lambda \int_0^M M \, dM = -\frac{\lambda}{2} M^2 \tag{5-11}$$

だけ低くなっている．磁化しているときには，これだけのエネルギーが内部エネルギーに加わっており，温度上昇とともに自発磁化 M が減少する際にはそれだけ多くの熱量が消費されることになる．したがって，強磁性体の比熱を測定すると自発磁化に伴う異常比熱が加わり，温度が T_c に近づくにつれて異常比熱が大きくなり，T_c を過ぎると急激に消失する．これらの様子（自発磁化の強さ M，エネルギー E および比熱 C の温度依存性）を図 5-6 に示す．また，実際の例として，純鉄の比熱-温度曲線を図 5-7 に示す．デバイの比熱理論に従う通常の固体比熱に，強磁性体としての比熱が加わり λ 型の異常比熱が現れ，それは $T_c = 770°C$ 以上で消失している．

（2） 分子磁場の原因（交換相互作用）

このような強い分子磁場はどうして生じるのだろうか？　ハイゼンベル

5.2 強磁性の統計理論と交換相互作用

グ[†2]（Heisenberg）はその原因を仮定1, 2と合わせて量子力学的に説明した．鉄（Fe）を例にとって考えてみる．孤立Fe原子では前述の磁気モーメントをもつが，固体結晶になると隣接原子間の相互作用によって軌道角運動量 L は固定され，磁場や熱運動によって大きさと方向を変えないので，実質的にはスピン角運動量 S による寄与だけが問題となる．したがって，固体内Fe原子の磁気モーメントは

$$\boldsymbol{\mu} = -g\frac{\mu_B \boldsymbol{S}}{\hbar}, \quad \mu_B = \frac{\mu_0 e \hbar}{2m_0} \tag{5-12}$$

で表される．ただし，g は前出の g-因子である．スピンの大きさに関しては $s^2 = \sqrt{s(s+1)}\hbar$ であるが，Fe原子では一応 $s=1/2$ としておく．このとき，スピンの向きは平行か反平行の場合のみ，すなわち $S_z=(+1/2)\hbar$，$(-1/2)\hbar$ の2通りが許される．ハイゼンベルグは隣接Fe原子間の**交換相互作用**によって，隣同士のFe原子のスピンは互いに平行になった方がエネルギーが低く，反平行になった場合はエネルギーが高いと考えた．すなわち，隣接Fe原子 $i-j$ 間には通常の原子間力のほかに

$$-J\boldsymbol{S}_i \cdot \boldsymbol{S}_j, \quad J>0 \tag{5-13}$$

の相互作用エネルギーが働き，これは互いに平行スピンの場合は $-JS_1S_2$，反平行スピンの場合は $+JS_1S_2$ となる．このように考えると，理想的な強磁性体の中でのエネルギーは

$$E = -\frac{1}{2}J\sum_{i,j} \boldsymbol{S}_i \cdot \boldsymbol{S}_j, \tag{5-14}$$

で表される．ここで，$\sum_{i,j}$ は隣接原子対間の和をとることを意味する．このような形の相互作用が実際に電子の交換によって起こることは量子力学的に証明されている．(5-14)式の形の交換相互作用をもとに，ハイゼンベルグは強磁性体の磁化の強さに対して，(5-6)式と同等な式を導いている．以上の考察から，強磁性の原因は交換相互作用であることが分かる．

[†2] Werner Karl Heisenberg (1901-1976)，ドイツの理論物理学者．1932年ノーベル物理学賞．

交換相互作用の大きさは J によって決まる．強磁性体の場合は正（$J>0$）であるが，必ずしも正とは限らず，原子の電子構造，原子間の距離，結晶構造などの違いにより，正の場合も負の場合もありうる．実際に Fe の場合でも，αFe（bcc）では $J>0$ であるが，γFe（fcc）では $J<0$ と考えられており，実験事実もこれを支持している．

5.3　磁区構造と異方性

前節の理論によると，絶対零度ではすべての原子の磁気モーメントが平行に揃い，磁化の強さ M は最大値 $M_0=N\mu$ をとることになる．しかし，実際にはキュリー温度よりずっと低い温度でも，外から磁場が作用しない限り磁化はわずかであり，磁場がかかると急激に大きな磁化が現れる．これはその物質がたとえ単結晶であっても，結晶内がそれぞれ磁気モーメントの向きが異なるいくつかの**磁区**（magnetic domain）に分かれており，全体として磁化の強さがゼロになっていることによる．この様子を，例えば図 5-8 のような理想的なモデルで示せば，1 つの単結晶が 4 つの磁区に分かれており，各磁区は強い磁化の強さをもっているが，それぞれが異なる方向に磁化しているため打ち消しあって，全体の磁化の強さは消えてしまっていることにな

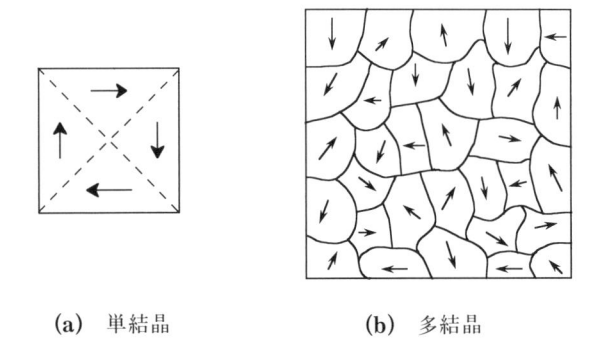

(a)　単結晶　　　　(b)　多結晶

図 5-8　単結晶および多結晶における磁区．矢印は磁化の向きを示す

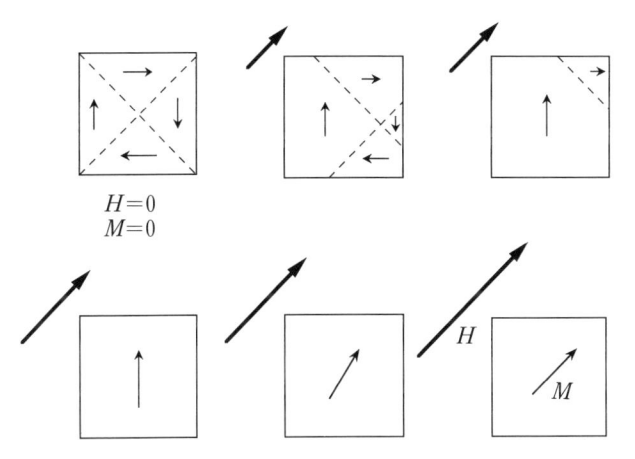

図 5-9 理想的な強磁性単結晶の外部磁場（H）による磁化過程
太い矢印が外部磁場の向きと強さを示す

る．多結晶の場合には，磁区構造はもっと複雑になり，それぞれの結晶粒がさらにいくつかの磁区に分かれ，各磁区の中では一様に磁化している．個々の磁区の大きさは材料の組成，作り方によって異なるが，通常 μm（10^{-6} m）のオーダーである．

理想的な強磁性結晶が，外から磁場をかけることによって磁化する過程は2段階で起こる．磁化過程をモデル的に示すと図 5-9 のようになる．まず，外部磁場が弱い間は磁区の境界の移動により，磁場の方向に近い向きに磁化している磁区が広がる．磁場を増すにつれて，これらが単一磁区に成長する．磁場をさらに強めると，磁化方向が回転を起こし，外部磁場方向に揃って飽和する．すなわち，磁化過程は

（ⅰ）　磁区境界の移動，
（ⅱ）　磁化方向の回転

の2段階を経て飽和磁化に達する．実際には，この2段階の変化が，初期変化を除き，いずれも不可逆的に起こるので履歴現象を伴う．

強磁性体が磁区構造をもつことは，この履歴現象によっても分かるが，直

接的には磁気粉末法により磁区を直接観察することができる．マグネタイト（Fe_3O_4）の微粉末は磁化しており，これを強磁性体の表面にのせると磁場による力をうける．磁区の境界では磁化方向が急激に変わるので磁場の勾配が大きく，磁気モーメントがうける力が大きくなる．マグネタイト微粉末のコロイド懸濁液を強磁性体の表面に塗り，磁区の境界に集まった粉末を光学顕微鏡で観察することで磁区の境界が分かる．

この他に，磁区構造を観察する方法として光学的方法もある．これは偏光単色光が強磁性体の表面で反射されるとき，入射線の偏光方向と磁化の方向とのなす角に依存して反射線の偏光方向が異なる，いわゆる**カー**[†3]**効果**（Kerr effect）を利用して，磁区構造を観察する方法である．また，最近で

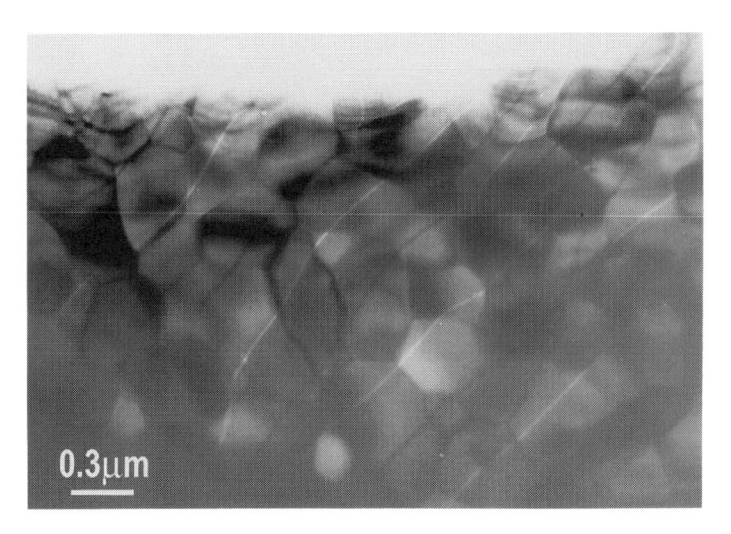

図5-10 ローレンツ電子顕微鏡法による，Nd-Fe-B系磁石の磁区観察の例．試料はNd-Dy-Fe-Co-B-Zr-Ga合金．いくつもの微細な$Nd_2Fe_{14}B$強磁性結晶粒を横切って右上から左下に交互に走る白黒の線状コントラストが磁壁で，磁壁に挟まれた領域が磁区（九州大学板倉らによる）

[†3] John Kerr（1824-1907），イギリスの物理学者．

5.3 磁区構造と異方性

はローレンツ電子顕微鏡法による磁区の直接観察が行われている．図5-10にNd-Fe-B系磁石の例を示す．結晶は多角形の微細なNd$_2$Fe$_{14}$B強磁性結晶粒で埋めつくされている．いくつもの結晶粒を横切って右上から左下に交互に走る白黒の線状コントラストが磁壁で，磁壁に挟まれた領域が磁区である．

次に，磁区構造が現れる理由を調べてみよう．原子間の相互作用は前出の(5-14)式 $E=-(1/2)J\sum S_i\cdot S_j$ の形で表され，$J>0$ のときは各原子のスピン，したがって磁気モーメントが平行のときエネルギーが低くなる．このエネルギーだけなら，全体が単一磁区のときが最もエネルギーが低いはずであるが，磁気エネルギー（静磁エネルギー）は磁性体の外にもれる磁力線が多いほど大きいので，この点からはいくつかの磁区に分かれて磁力線が磁性体内でループ状になる方がエネルギーは低くなる．一方，磁区に分かれると，境界ではスピンが逆向きになるのでエネルギーはその分だけ高くなる．このように磁気エネルギーと交換相互作用とのバランスからある程度の大きさの磁区をもつことになる．

1つの磁区がどの方向に磁化されるかは，その物質の磁気異方性によって決まる．代表的な強磁性単結晶 αFe (bcc)，Ni (fcc)，Co (hcp) の特定方向の磁化曲線を図5-11に示す．磁化されやすさは結晶の方向で随分異なっている．例えばFeの場合，[100]方向にはわずかに磁場をかけると飽和磁化に達するが，[110]，[111]方向に飽和に達するまで磁化するには[100]方向よりはるかに大きな磁場を必要とする．このように結晶軸の方向によって磁化されやすさが異なるので，それぞれの強磁性体に対して，**磁化容易方向**と**磁化困難方向**を区別できる．これらは図から以下のようにまとめられる．

	磁化容易方向	磁化困難方向
αFe	$\langle 100\rangle$	$\langle 111\rangle$
Ni	$\langle 111\rangle$	$\langle 100\rangle$
Co	$\langle 0001\rangle$	$\langle 10\bar{1}0\rangle$

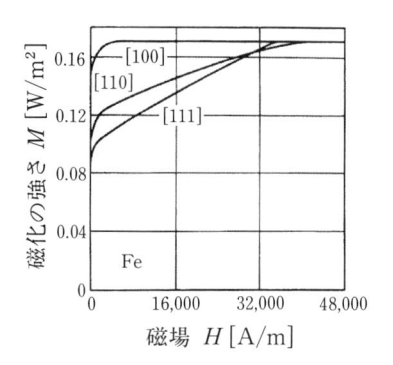

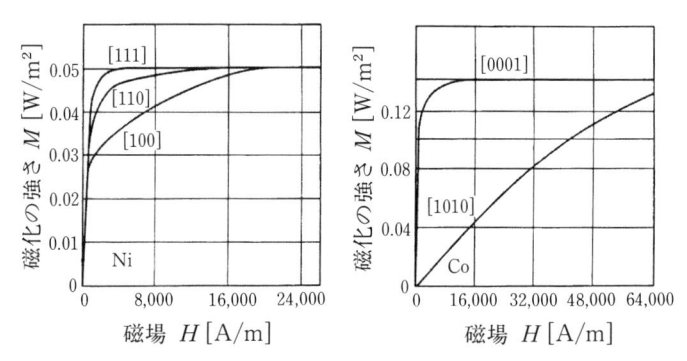

図5-11 αFe(bcc)，Ni(fcc)，Co(hcp)の特定方向の磁化曲線（T. S. Hutchison and D. C. Baird: The Physics of Engineering Solids）
この図から磁化容易方向，磁化困難方向が分かる

強磁性体が磁区に分かれているとき，個々の磁化方向は磁化容易方向をとっていると考えられる．強磁性体のエネルギーは主として次の3つのエネルギー

- （ⅰ）交換相互作用エネルギー：それぞれの原子のスピンがなるべく同じ向きに揃う方がエネルギー的に低くなる．
- （ⅱ）磁気エネルギー（静磁エネルギー）：磁力線がなるべく外にもれないように，磁区が逆向きあるいはエンクロージャー（enclosure）をつくる．

5.3 磁区構造と異方性

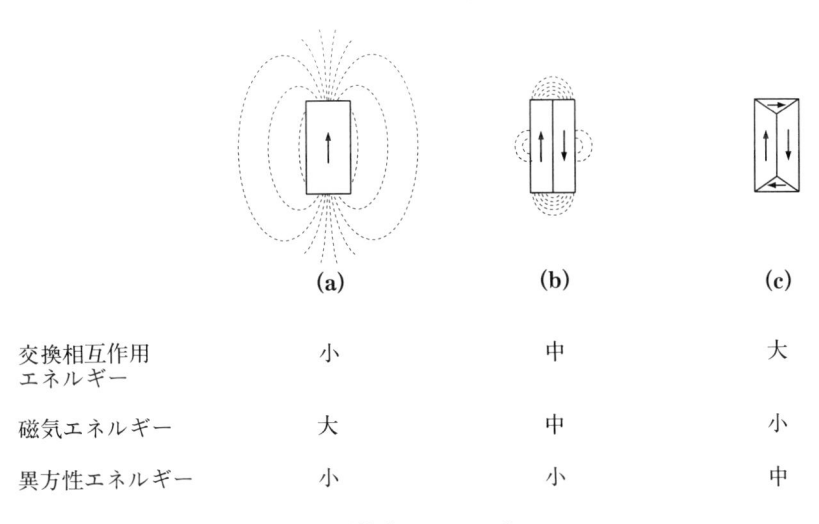

	(a)	(b)	(c)
交換相互作用エネルギー	小	中	大
磁気エネルギー	大	中	小
異方性エネルギー	小	小	中

図 5-12 磁区構造とエネルギーバランス

(iii) 異方性エネルギー：磁化容易方向に磁化されようとする．

のバランスによって決まることになり，磁区構造もエネルギー最小の条件から生ずると考えられる．図 5-12 は磁区構造とエネルギーバランスを模式的に示したものである．図(a)では交換相互作用エネルギーのために試料全体が単一磁区になっている．しかし，(b)のように試料を 2 つの磁区に分割することによって，自分自身のつくる磁場が小さくなるために，磁気エネルギー（静磁エネルギー）を減少させることができる．磁気エネルギーは磁場の広がりにほぼ比例するので，(b)の場合の磁気エネルギーは(a)の約半分になる．図(c)は磁気エネルギーがゼロになるような磁区構造で，このような磁区構造を還流磁区（closure domain）とよぶ．もし，還流磁区の磁化が磁化容易方向と一致していないなら，異方性エネルギーが生じる[*4]．

[*4] 異方性と結晶方位との関係については付録 F 参照．

5.4 磁気履歴

本章の初めに，強磁性体の特徴として，外部磁場の下での磁化の強さが極めて大きく，これは外部磁場によって複雑に変化し，しかも履歴現象を伴うことを述べた．この節では，外部磁場の下での磁化過程と履歴現象を主として磁区構造の立場から考えていく．

普通の方法で作成した試料は，そのままでは全体として特定方向に磁化しておらず，磁場 $H=0$ で磁化の強さ $M=0$ である（消磁状態）．これに磁場をかけると，最初はゆっくり磁化の強さが現れる．このことは，作成したままの試料（virgin specimen）は小さい磁区に分かれており，各磁区の磁化方向はそれぞれ磁化容易方向を向き，それらが全体としてランダムに分布しているので磁化の強さ $M=0$ であることを示している．

磁場 H をかけると，各磁区の境界は移動するが，磁場が小さい場合は磁場を除くと磁区の境界はもとに戻る．すなわち，磁場が小さい[*5] 初期段階の磁化過程は可逆的で**可逆磁化過程**とよばれる．さらに磁場を増すと，磁化の強さが不連続的に増加していく．また，この段階からは磁場を除いても磁化の強さはゼロにならず，ある程度の磁化が残り，いわゆる**不可逆磁化過程**になる．この磁化過程では磁場の増加によって平行移動してきた磁区の境界が，不純物原子や結晶粒界，格子欠陥などのために移動が妨げられ，さらに磁場を増加させると，急にこれらの欠陥を乗り越えて磁区が移動する．このような不連続な磁化が起こっていることは**バルクハウゼン**[†4]**効果**（Barkhausen effect）として見出されている．さらに磁場を増すと，磁区境界の移動による磁化過程が終了し，磁区の磁化方向が磁化容易方向から外部磁場方向へと向きをかえる．この範囲が**回転磁化過程**である．磁区の回転によっ

[*5] 図 5-13 の点線以下の磁化に相当する磁場．
[†4] G. Barkhausen，電気工学者．

5.4 磁気履歴

てすべての磁区が外部磁場方向に磁化してしまうと,磁区の区別はなくなり,それ以上磁化の強さも増加せず,**飽和磁化**(saturation magnetization) M_s の状態となる.結局,virgin 試料の磁化は

(i) 可逆磁化過程,
(ii) 不可逆磁化過程,
(iii) 回転磁化過程,を経て
(iv) 飽和磁化,

に到達する.

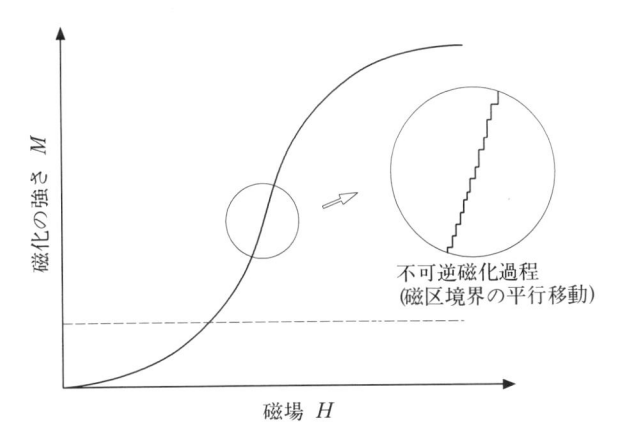

図 5-13 Virgin 試料の磁化過程.点線以下の磁場では可逆的,点線以上では不可逆となる

次に,飽和磁化の状態から磁場を減らしていくと,(ii),(iii)の状態が不可逆的であるので往路をたどらず,$H=0$ にしても $M=0$ にならず,**残留磁化**(residual magnetization) M_r が残る.永久磁石はこの残留磁化を利用したものである.磁化の強さをゼロにするためには,磁場をさらに減少させ,$H=-H_c$ になってはじめて $M=0$ となる.この H_c を**保磁力**(coercive force) という.逆向きの磁場をさらに強めていくと,前とは逆向きに磁化して飽和磁化($-M_s$)まで達する.これが前に図 5-1 で示した磁化履歴曲

線である．

　この曲線を**ヒステリシスループ**（hysteresis loop）といい，ループ内の面積は磁化の 1 サイクルあたりのエネルギー損失を与える．すなわち，磁場 H により，磁化の強さが M から $M+\mathrm{d}M$ に増加したとき，強磁性体に蓄えられるエネルギーは

$$\mathrm{d}E = H\mathrm{d}M$$

であるから，$M=0$ の状態から $M=M_\mathrm{s}$ の状態への変化に対して図 5-14(a) の影の部分だけのエネルギーが磁性体に加えられ，M_s から M_r への変化により(b)の影をつけた部分だけのエネルギーを放出する．このような計算をループの全過程にわたって行えば，磁化し，元に戻し，逆向きに磁化し，…等の繰り返しで 1 サイクルあたりループ内の面積だけ磁性体がエネルギーをもらうわけで，すなわち外部から加えられたエネルギーの損失が生ずる．交流回路のモーターや変圧器の鉄心のように，1 秒間に数十回もの電流の向きに変化が起こり，H の値も数十回変化する場合は，1 回ごとにそれだけエネルギー損失が起こるので，1 秒あたりではその数十倍の損失になる．

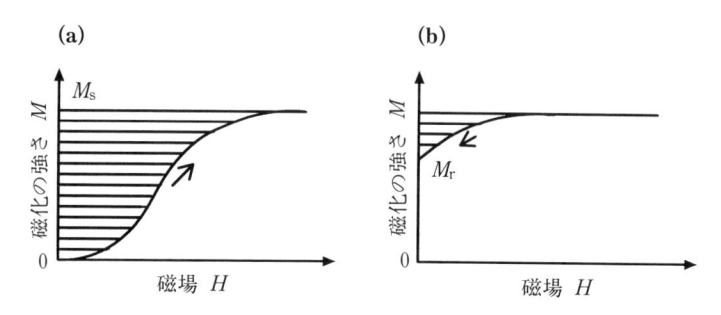

図 5-14　強磁性体の磁化過程におけるエネルギー損失
　　エネルギーの蓄積(a)，エネルギーの放出(b)

　強磁性材料では，磁気特性を履歴曲線で表し，特に M_s，M_r，H_c を用いて材料特性としている．例えば，永久磁石として有効な材料は M_s，M_r がともに大きいものがよく，交流回路の鉄心としては M_s が大きく，しかも M_r，

H_c が小さいものほど都合がよい．

5.5 反強磁性

5.2節で強磁性の原因として，個々の原子がスピンに付随した磁気モーメント(5-12)式

$$\boldsymbol{\mu} = -g\frac{\mu_B}{\hbar}\boldsymbol{S}, \quad \mu_B = \frac{\mu_0 e\hbar}{2m_0}$$

をもつこと，および隣同士の原子間にはそれぞれスピンの相対的方向に依存する交換相互作用(5-13)式

$$-J\boldsymbol{S}_i\cdot\boldsymbol{S}_j, \quad J > 0$$

が働いており，相互作用定数 J が正の大きな値をもつことを見てきた．J の値は量子力学では交換積分によって求まり，原子の電子構造と隣同士の原子間距離によって決まる．J の値は正とは限らず，負の値も取り得る．Fe，Co，Niでは J が正で相当大きい値という条件が満たされている．もし，J が負でかなり大きな絶対値をもつ物質があれば，それはどのような磁性なのだろうか？ これに関しては，1930年代にNéel[†5]らが理論的に，さらに1941年に van Vleck[†6] が詳しく研究した．これらの理論的に予想された通りの物質が次々に発見され，これらを総称して反強磁性体とよぶ．

反強磁性体では，隣同士の原子のスピンが平行であるより反平行である方がエネルギーが低いので，$T=0$ での平衡状態では図4-6のように上向きスピンと下向きスピンの電子が交互に並ぶことになる．$T>0$ における平衡状態についての統計熱力学的取り扱いは強磁性体の場合と全く同様に展開することができ，温度 T，外部磁場 H の下での磁化の強さ $M=M(H,T)$ が求

[†5] Louis Eugène Félix Néel (1904-)，フランスの物理学者．1970年ノーベル物理学賞．

[†6] John Hasbrouck van Vleck (1899-1980)，アメリカの物理学者．1977年ノーベル物理学賞．

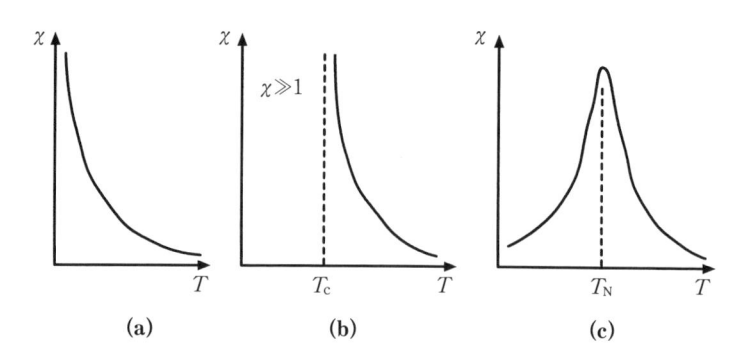

図 5-15 イオン常磁性体（a），強磁性体（b），反強磁性体（c）の磁化率の温度変化．χ：磁化率，T：温度

まり，これから磁化率 $\chi = M(T)/H$ が決まる．これを常磁性体および強磁性体のものと比較して図 5-15 に示す．ここで，これら 3 種類の磁性体の磁化率についてまとめておく．

　低温になるほど，磁気モーメントの向きをばらばらにしようとする熱振動の効果は小さくなるので，常磁性体では磁気モーメントは磁場の方向に向きやすくなる．温度を下げるほど磁化率は大きくなり，キュリーの法則 $\chi = C/T$ に従って温度に逆比例する．

　強磁性体の磁化率は，キュリー温度 T_c 以上で測定すると，その大きさは常磁性体と同程度であり，しかも常磁性体と同様に温度の逆数に比例して減少する（キュリー-ワイスの法則；$= C/(T - T_c)$）．すなわち，T_c 以上では常磁性である．

　一方，反強磁性体の場合には，低温になるほど熱振動の効果が小さくなる結果，反強磁性的な磁気モーメントの配列が強くなる．外から磁場をかけても磁気モーメントはなかなか磁場の方向を向こうとはせず，磁化率は温度を下げるとかえって減少する．磁気モーメントを反平行に並べようとする相互作用が熱振動とちょうど釣り合い，磁気モーメントが自由に振舞えるようになる温度を**ネール温度**（Néel temperature）T_N とよぶ．T_N は強磁性のキ

ュリー温度 T_c に対応する. T_N 以上では磁気モーメントの向きをばらばらにしようとする熱振動の効果が, 反平行にしようとする相互作用より強くなるので, 磁気モーメントは勝手な方向を向き, 常磁性的に振舞うようになる. その結果, 温度を下げると磁化率は常磁性のキュリーの法則に従って減少する. すなわち, ネール温度 T_N を境にして, $0 < T < T_N$ では χ が単調に増加し, $T > T_N$ では $\chi = C/(T+\theta)$, $\theta > 0$ に従って単調に減少する.

反強磁性を示す代表的な物質 MnO の磁化率の変化を図 5-16 に示す. この物質では, 酸素原子 O は磁性をもたないので, Mn^{2+} だけを考えればよい. MnO は NaCl 型結晶なので Mn^{2+} だけに着目すれば面心立方 (fcc) 構造をもっている. MnO における Mn^{2+} のスピン配列を図 5-17 に示す. 表 5-2 に他の反強磁性物質とともに T_N と θ をまとめておく. 特に, Cr は単体金属で反強磁性を示すことが知られている. この表の物質のほかに, MnTe, MnF_2, $CoCl_2$ など多くの反強磁性体が知られている. 注目すべきは Fe で, 5.2 節でもふれたように, aFe (bcc) は $J > 0$ で強磁性であるが,

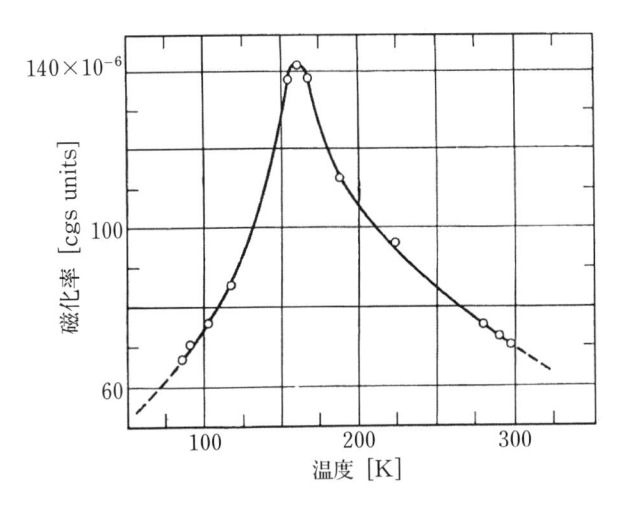

図 5-16 MnO の磁化率の温度依存性 (T. S. Hutchison and D. C. Baird : The Physics of Engineering Solids)

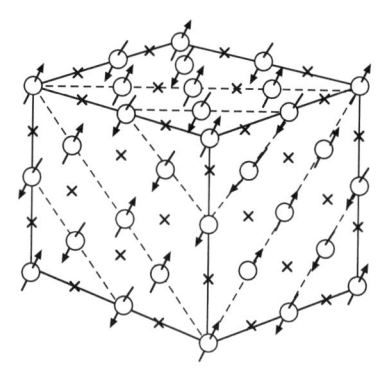

図5-17 MnO における Mn^{2+} のスピン配列

表5-2 種々の反強磁性物質におけるイオンの格子型，T_N，θ

物　質	イオンの格子	T_N (K)	θ (K)
MnO	fcc	116	610
MnS	fcc	160	528
FeO	fcc	198	570
FeF_2	正方晶	79	117
CoO	fcc	291	330
NiO	fcc	520	2000
Cr	bcc	480	?

γFe（fcc）は $J<0$ で反強磁性である．

5.6 フェリ磁性

　最後に，フェリ磁性体およびフェライトについて述べる．まず，マグネタイト（磁鉄鉱；magnetite）Fe_3O_4 であるが，この物質は強い磁性をもち，粉末は磁石粉として利用されている．結晶構造は，図5-18 に示すような $MgAl_2O_4$（尖晶石）に代表される複雑な**スピネル構造**をもっている．単位

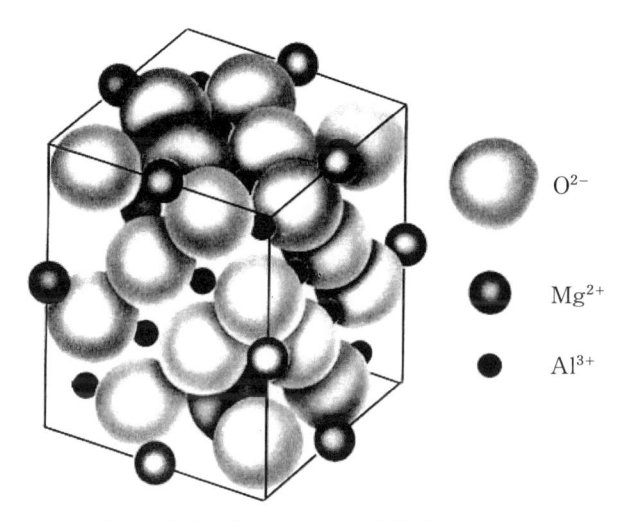

図 5-18 MgAl$_2$O$_4$（尖晶石）のスピネル構造（C. Kittel: Introduction to Solid State Physics）

胞中の Fe 原子には 2 通りの異なる格子点があり，それらを Fe^{2+} および Fe^{3+} が占めている．分子式としては Fe$_2$O$_3$ と表しているが，実際には FeO·Fe$_2$O$_3$ と書くべきであり，2 価のイオンと 3 価のイオンが別々の副格子を構成している．Fe^{2+}，Fe^{3+} はそれぞれ異なるスピンの値をもち，したがって大きさの異なる磁気モーメントが互いに逆向きに並んでいる．モーメントの向きが交互になっている点では反強磁性的であるが，上向きスピンと下向きスピンとで磁気モーメントの大きさが異なるために互いに打ち消し合わず，強磁性と同様に振舞う．特に，強磁性体と似た磁区構造や履歴現象などを伴う．

マグネタイト Fe^{3+}(Fe^{3+}·Fe^{2+})O$_4$ の飽和磁化から求めた 1 分子あたりの飽和磁気モーメントは 4.2μ_B である．もし，1 分子あたりで 1 個の Fe^{2+} と 2 個の Fe^{3+} の磁気モーメントが平行であれば，1 分子あたり 5×2+4=14μ_B となるはずである．そこで，Fe^{3+} 同士の飽和磁気モーメントは互いに反平行であり，これらが担う 5μ_B の磁気モーメントは打ち消しあい，全磁気モ

ーメントは Fe^{2+} イオンだけから生じると考える．これは $4\mu_B$ の磁気モーメントを示すことになり，実験値と見事に一致する．このような磁気的な構造で生ずる強磁性がフェリ磁性である．

一般に**フェライト**とよばれているものは，マグネタイトの Fe^{2+} を他の2価金属イオン M^{2+} で置き換えた $MOFe_2O_3$ で表される一群の化合物をさしている．Mとしては，Mn，Co，Ni，Cu，Mg，Zn，Cd またはこれらの混合物が用いられている．実際に，フェライトとしては配合比，作製法，熱処理によって種々変化に富む物質が得られている．フェライトが工業面で重要視されてきたのは，その物性として強磁性体と同じく強く磁化するが，電気抵抗が大きく，また残留磁化および保磁力ともに大きな履歴特性をもつことにある．これらの性質のために，高周波回路の鉄心として渦電流が少なく損失も少ない．さらに，矩形に近い履歴曲線をもつフェライトは，磁化の強さが $+M_s$ か $-M_s$ かのいずれかであり，応答が速いことを利用して電子計算機の記憶素子として広く利用されてきた．

それではフェライトのスピネル構造（図5-19）をみておく．前述のように，フェライトは立方晶でスピネル構造をとる．1つの単位胞は8分子からなり，32個の酸素イオンと24個の金属イオンを含んでいる．図中の大きな丸は酸素イオンで立方最密構造をしており，金属イオンに比べてはるかに大きい．金属イオンは酸素イオンの隙間に入るが，24個の金属イオンのうち8個は酸素イオンによって正四面体的に囲まれた立方体の中心のA位置に入る．一方，残りの16個の金属イオンは6個の酸素イオンによって正四面体的に囲まれたB位置に入る．Fe^{3+} と M^{2+} が2：1でフェライトを作っているが，これらのイオンがA，B位置を占める方法には2通りがある．1つは Fe^{3+} がすべてB位置に入り，M^{2+} がA位置に入る場合で，これを**正常スピネル**という．もう1つは M^{2+} がB位置の半分を占め，Fe^{3+} がA位置とB位置の半分を占める場合で，これを**逆スピネル構造**とよぶ．正常スピネルの例は Zn フェライト（$ZnFe_2O_4$）で，反強磁性になる．これに対し，フェリ磁性を示すフェライトの多く（$CoFe_2O_4$，$NiFe_2O_4$，$CuFe_2O_4$）は逆スピネ

5.6 フェリ磁性

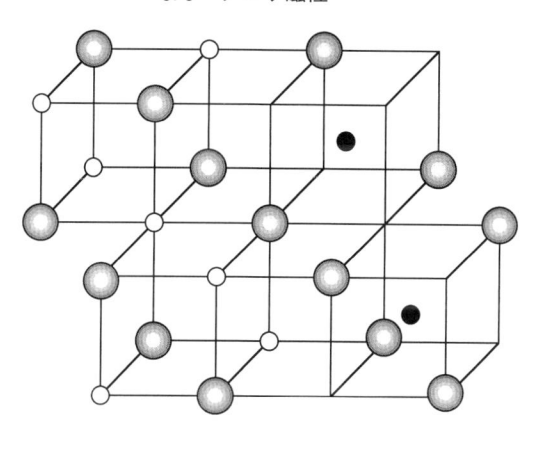

○ 酸素　● A位置　○ B位置

図5-19　スピネル構造．金属イオンはA，B2種類の位置を占める

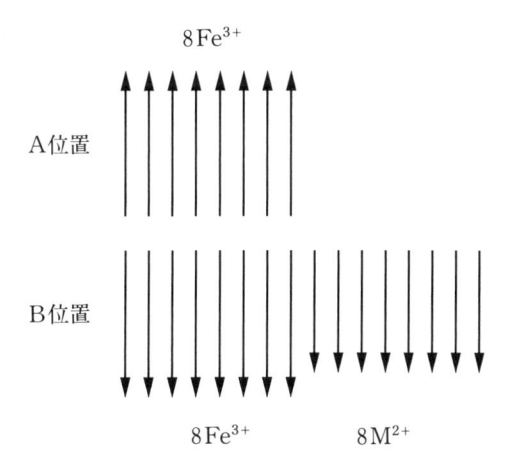

$8Fe^{3+}$

A位置

B位置

$8Fe^{3+}$　　$8M^{2+}$

図5-20　フェライトのA，B位置でのスピンの向き
　　　　数字は単位胞中の金属原子の数を示す

ル構造をもっている．

　フェライトのフェリ磁性は負の交換相互作用による．図5-19 を見ると，A-O-B は少し折れ曲がってはいるが直線に近く，A 位置のイオンと B 位置のイオン間には強い負の超交換相互作用が働く．一方，B-O-B は直角に曲がっており，B 同士間の距離は短いがイオン間の超交換相互作用は弱い．また，A-O-A 間は距離が遠いので交換相互作用は弱くなる．その結果，図5-20 に示すように，A 位置のスピンはすべて平行に並び，B 位置のスピンはこれと逆方向に並ぶことになる．逆スピネルでは，A 位置を Fe^{3+} イオンが占め，これと同数の Fe^{3+} が B 位置を占めるので，Fe^{3+} イオンの磁気モーメントは数は等しく向きが反対のため打ち消し合ってゼロになる．結果として，B 位置の M^{2+} イオンの磁気モーメントが生き残り，これが全体の自発磁化を示す．2価のイオンとして，Mn^{2+}，Fe^{2+}，Co^{2+}，Ni^{2+}，Cu^{2+} を考えると，これらのイオンは 3d 殻に 5 個から 9 個までの電子をもっている．この場合，3d 電子はほぼ孤立原子と同じ電子状態にあると考えられるので，フントの規則によって最大のスピンをもっている．例えば，Mn^{2+} は $5\mu_B$ の磁気モーメント，したがって $MnO \cdot Fe_2O_3$ は1分子あたり $5\mu_B$ の磁気モーメントをもつ．以下，Fe^{2+}，Co^{2+}，Ni^{2+}，Cu^{2+} イオンでは 4，3，2，$1\mu_B$ と下がっていくはずである．これに対して，実験値は Mn フェライトの 5.0 から 4.2，3.3，2.3，$1.3\mu_B$ と下がっている．理論と実験のわずかなずれは軌道運動による磁気モーメントの寄与などによるものと考えられる．このように，フェライトの磁気モーメントは A 位置と B 位置のイオン間の強い交換相互作用で説明できる．

付　　録

A. オームの法則

われわれが中学・高校で習ったオームの法則は，一様な金属棒に流れる電流 I と印加電圧 V の間には

$$V = RI \tag{A-1}$$

の関係が成り立つというものであった．R はこの物質の電気抵抗であり，その形状に依存する．一方，(2-1)式のオームの法則は，《**電流の強さ j が電場の強さ E に比例する**》というもので

$$\boldsymbol{j} = \sigma \boldsymbol{E}, \tag{A-2}$$

の形をしていた．σ は**電気伝導率**で，**電気抵抗率** ρ の逆数である（$\sigma = 1/\rho$）．これら2つの式は異なるように見えるが，本質的には全く同じものであることを以下に示そう．

いま金属棒の長さを l，切り口面積を S とすると，電気抵抗 R は

$$R = \frac{l}{S}\rho$$

と表すことができる．ここで，ρ は上述の電気抵抗率で，物質の形状に依存しない．この式を(A-1)式に代入し，変形すると

$$\frac{V}{l} = \frac{I}{S}\rho$$

となる．V/l は長さあたりの電圧すなわち電圧の勾配で，電場の強さ $\boldsymbol{E}$ に相当し，I/S は単位面積あたりの電流で電流密度である．また，電気伝導率 $\sigma = 1/\rho$ を使うと

$$\boldsymbol{j} = \sigma \boldsymbol{E}$$

が得られ，これは(A-2)式すなわち(2-1)式と同じものである．

B. 電束密度，磁束密度

　一様な電場 E のもとで強さ P に分極した物質を考える．物質内に P に垂直な薄い空隙を想定し，空隙の中心 C 点における電場 E_1 を求めよう．E_1 は空隙がない場合の C 点における電場 E と空隙表面に現れる分極電荷に基づく電場 E_2 との和

$$E_1 = E + E_2 \tag{B-1}$$

で与えられる．空隙の厚さが十分に薄ければ，空隙内に P と同じ方向に

$$E_2 = \frac{P}{\varepsilon_0} \tag{B-2}$$

の電場をつくる．したがって，空隙内における電場 E_1 は

$$E_1 = E + \frac{P}{\varepsilon_0} = \frac{1}{\varepsilon_0} D$$

と求められる．これを**ギャップ電場**とよぶ．この結果は空隙内のギャップ電場が D/ε_0 に等しいことを表している．したがって，電束密度 D は

$$D = \varepsilon_0 E_1 = \varepsilon_0 (E + E_2) = \varepsilon_0 \left(E + \frac{P}{\varepsilon_0} \right) = \varepsilon_0 E + P \tag{B-3}$$

と表すことができ，(4-5)式が導かれる．

　同様にして，一様な磁場 H のもとでの磁束密度 B が

$$B = \mu_0 H + M = \mu H \tag{B-4}$$

(4-11)式で表されることも導くことができる．

C. フントの規則

　原子の磁気モーメントは電子の軌道磁気モーメントとスピン磁気モーメントがある規則によって合成されたものとなる．一般の多電子原子では，各電子の軌道角運動量量子数 l とスピン角運動量量子数 s をそれぞれベクトル的に結合して**軌道角運動量量子数** L と**スピン角運動量量子数** S をつくる．

さらに，L と S をベクトル的に合成して**全角運動量量子数** J（$=L+S$）をつくる．原子が基底状態にあるときには，L, S, J, は**フントの規則**(Hund rule) により以下のように決められる．

(ⅰ) 合成スピン角運動量 S は，パウリの排他律を満足しながら，S が最大になるように配置する．

(ⅱ) 合成軌道角運動量 L は(ⅰ)の条件を満足したうえで，L が最大になるように配置する．

(ⅲ) 電子が殻の許容状態の半分以下しか占めていないときには全角運動量は $J=|L-S|$，半分以上を占めているときは $J=L+S$ とする．

D. 磁場方向の原子磁気モーメントの平均値

$\overline{\mu_z}$ を計算するには，最初から $x=g\mu_\mathrm{B}jH/kT$ とおくと，計算が複雑になるので，まず

$$y=g\mu_\mathrm{B}H/kT \tag{D-1}$$

とおいて

$$\overline{\mu_z}=-g\mu_\mathrm{B}\frac{\sum_m m\exp(-my)}{\sum_m \exp(-my)}=g\mu_\mathrm{B}\frac{\mathrm{d}}{\mathrm{d}y}\log\left(\sum_m \exp(-my)\right) \tag{D-2}$$

を求める．ここで，$m=-j, -(j-1), -(j-2), \cdots +(j-2), +(j-1), +j$ なので，括弧の中を求めると

$$\sum_m \exp(-my)=e^{jy}+e^{(j-1)y}+e^{(j-2)y}+\cdots \cdots +e^{-(j-2)y}+e^{-(j-1)y}+e^{-jy}$$

$$=e^{-jy}(1+e^y+e^{2y}+\cdots \cdots +e^{2jy})$$

$$=e^{-jy}\frac{1-e^{(2j+1)y}}{1-e^y}=\frac{e^{-jy}-e^{(j+1)y}}{1-e^y}=\frac{e^{(j+1/2)y}-e^{-(j+1/2)y}}{e^{(1/2)y}-e^{-(1/2)y}}$$

であり，さらに

$$\frac{\mathrm{d}}{\mathrm{d}y}\log\left\{\frac{e^{(j+1/2)y}-e^{-(j+1/2)y}}{e^{1/2y}-e^{-1/2y}}\right\}$$

$$= \left(j+\frac{1}{2}\right)\frac{e^{(j+1/2)y}+e^{-(j+1/2)y}}{e^{(j+1/2)y}-e^{-(j+1/2)y}} - \frac{1}{2}\frac{e^{(1/2)y}+e^{-(1/2)y}}{e^{(1/2)y}-e^{-(1/2)y}}$$

であるので，あらためて

$$x = g\mu_B jH/kT = jy \tag{D-3}$$

と置き直すと

$$= j\left[\left(\frac{2j+1}{2j}\right)\left\{\frac{e^{\{(2j+1)/2j\}x}+e^{-\{(2j+1)/2j\}x}}{e^{\{(2j+1)/2j\}x}-e^{-\{(2j+1)/2j\}x}}\right\} - \left(\frac{1}{2j}\right)\left\{\frac{e^{(1/2j)x}+e^{-(1/2j)x}}{e^{(1/2j)x}-e^{-(1/2j)x}}\right\}\right]$$

$$= j\left[\frac{2j+1}{2j}\coth\left(\frac{2j+1}{2j}x\right) - \frac{1}{2j}\coth\left(\frac{1}{2j}x\right)\right]$$

となる．さらに，**ブリルアン関数**（Brillouin function）

$$B_j(x) = \frac{2j+1)}{2j}\coth\left(\frac{2j+1}{2j}x\right) - \frac{1}{2j}\coth\left(\frac{1}{2j}x\right) \tag{D-4}$$

を用いると

$$\begin{aligned}\overline{\mu_z} &= g\mu_B j B_j(x), \\ x &= g\mu_B jH/kT\end{aligned} \tag{D-5}$$

すなわち(4-57)式を得る．

E. 分子場近似による自発磁化の強さの求め方

強磁性領域における**自発磁化の強さ** M は(5-6)式

$$M = M_0 \tanh\left(\frac{\lambda\mu}{k_B T}M\right), \quad M_0 = N\mu \tag{E-1}$$

で表される．この式が自発磁化 M を温度 T の関数として決める方程式である．ここで

$$y = \frac{\lambda\mu}{k_B T}M \tag{E-2}$$

とおけば(5-6)式は

$$\frac{k_B T}{\lambda\mu}y = M_0 \tanh y \tag{E-3}$$

となる．そこで，この式の両辺を描くと図E-1が得られる．図から明らか

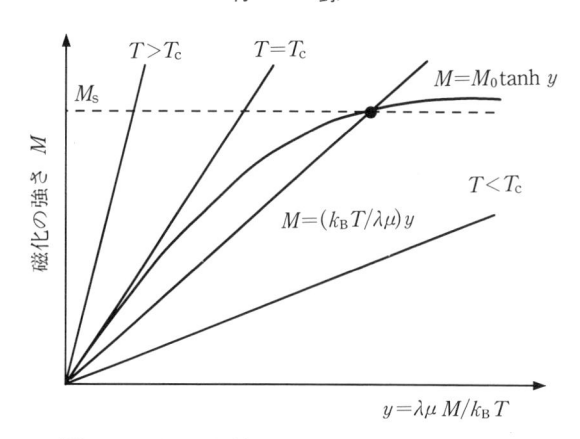

図 E-1 分子場近似による磁化の数値的解法

なように，$M=M_0\tanh y$ の曲線と $M=(k_B T/\lambda\mu)y$ の直線との交点として解が求まる．1つの解は $y=0$，すなわち $M=0$ である．一方，$T<T_c$ では $M=0$ の他に有限な M の解が存在し，これがある温度 T における自発磁化の強さである．

F. 磁気異方性エネルギー
（異方性と結晶方位との関係）

　自発磁化が磁化容易方向を向いている場合には，結晶は最も安定な状態にあり，磁気的エネルギーが最も低い．自発磁化を磁化容易方向から別の方向に向けるためには磁場による余分な仕事，すなわち磁気的エネルギーを必要とする．このように，強磁性体の磁気的エネルギーは自発磁化のとる結晶方向によって変わり，これを**磁気異方性**（magnetic anisotropy）という．また，磁化容易方向と磁化困難方向において飽和するまで磁化するためのエネルギーの差を磁気**異方性エネルギー**という．ここでは異方性と結晶方位との関係について述べる．

　まず，結晶対称性の最も高い**立方晶**を例にとる．立方体における3軸の磁

F. 磁気異方性エネルギー（異方性と結晶方位との関係）　　129

化の方向余弦を α, β, γ とすると，異方性エネルギー E は α, β, γ を含む関数で表される．磁化の結晶方向を図 F-1 のように原点から等しい長さで切った球面上の点で表すと，A 点と全く同等な点は第 1 象限だけでも 6 個ある．結晶の全方向に対しては $6 \times 8 = 48$ 個の同等な方向があり，これらの異方性エネルギーは同じになる．

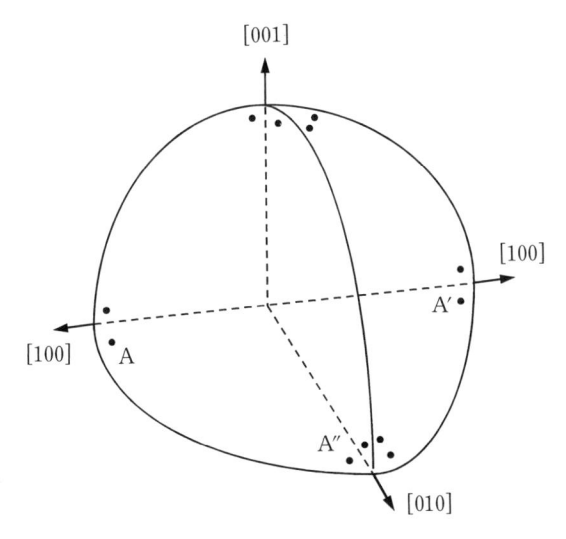

図 F-1　立方晶をもつ強磁性体の異方性エネルギーの等価方向

　一般に，異方性エネルギーは α, β, γ のべき級数に展開できるが，結晶の対称性を考慮するともっと簡単になる．例えば，α を $-\alpha$ に変えることは A 点を A′ 点に移すことに相当する．この操作によっても，結晶軸からの磁化の傾きは変わらないので，異方性エネルギーは変わらない．したがって，α の 1 次，3 次などの奇数次の項はゼロになるはずである．また，$\alpha\beta$ のような項も消える．次に，α と β を交換すると，この操作は A を A″ 点に移したことになり，磁化の結晶軸からの傾きは同じなので，異方性エネルギーも変わらない．したがって，α^2, β^2, γ^2 の偶数次の項の係数は等しくなる．このような条件を満足する最も低次の項は，C を定数として

$$C(\alpha^2+\beta^2+\gamma^2)$$

である．括弧の中は方向余弦の定義より 1 に等しいので，結局最低次の項は C となり，スピンの結晶方向には無関係で考えなくてよい．次に次数の低い項は 4 次の項，$\alpha^4+\beta^4+\gamma^4$ と $\alpha^2\beta^2+\beta^2\gamma^2+\gamma^2\alpha^2$ であるが，これらの間には

$$\alpha^4+\beta^4+\gamma^4=1-2(\alpha^2\beta^2+\beta^2\gamma^2+\gamma^2\alpha^2)$$

の関係があるので，

$$K_1(\alpha^2\beta^2+\beta^2\gamma^2+\gamma^2\alpha^2)$$

とまとめることができる．次の 6 次の項は

$$K_2\alpha^2\beta^2\gamma^2$$

となる．8 次以上の項は小さいので無視する．以上の結果，異方性エネルギー E は

$$E=K_1(\alpha^2\beta^2+\beta^2\gamma^2+\gamma^2\alpha^2)+K_2\alpha_1^2\beta^2\gamma^2 \tag{F-1}$$

と表せる．ここで，K_1, K_2 を**異方性定数**といい，異方性エネルギーの目安となる量である．簡単のため，(F-1)式の第 1 項だけを考える．α, β, γ はゼロまたは正であるから，$\alpha^2\beta^2+\beta^2\gamma^2+\gamma^2\alpha^2$ は必ずゼロまたは正である．したがって，$K_1>0$ であれば $\alpha^2\beta^2+\beta^2\gamma^2+\gamma^2\alpha^2=0$ のとき $E=0$ で最小値をとる．そのためには，α, β, γ のうち 2 つがゼロにならなければならない．すなわち，$K_1>0$ であれば〈100〉方向が異方性エネルギー最小の方向となり，[100], [010], [001] の 3 方向が磁化容易方向となる．その結果，正負両方向を合わせた 6 つの方向のいずれかを向くことになる．これに対して，$K_1<0$ のときは $\alpha^2\beta^2+\beta^2\gamma^2+\gamma^2\alpha^2$ が最大となる方向が異方性エネルギー最小の方向になる．この方向は $\alpha^2=\beta^2=\gamma^2=1/\sqrt{3}$, すなわち〈111〉方向であり [111], [$\bar{1}$11], [1$\bar{1}$1], [11$\bar{1}$] の 4 つの方向が磁化容易方向となる．異方性定数は Fe で $K_1=4.72\times10^4$ J/m^3, $K_2=-0.075\times10^5$ J/m^3, Ni で $K_1=-0.57\times10^4$ J/m^3, $K_2=-0.23\times10^4$ J/m^3 である．

次に，**六方晶**の場合を考える．c 軸からの磁化の傾きを θ とする．c 軸と直角方向すなわち c 面内では磁気異方性エネルギーに変化がないとすると，

異方性エネルギーは θ だけの関数となる。θ を $-\theta$ でおきかえる操作は磁化の方向を c 軸の周りに 180° 回転することになる。また，θ を $180°-\theta$ でおきかえると，この場合結晶を上下ひっくり返せば磁化の方向は前と一致し，磁化の c 軸に対する傾きは同じであるから，異方性エネルギーは変わらない。したがって，異方性エネルギー E を θ の正弦関数のべき級数で展開すると，奇数次の項は消え

$$E = K_{u1}\sin^2\theta + K_{u2}\sin^4\theta + \cdots \tag{F-2}$$

と表せる。6 次以上の項は小さいので省略できる。六方晶の磁気異方性は c 軸からの傾きだけで決まるので，1 軸異方性という。Co の磁気異方性定数は $K_{u1}=4.53\times10^5$ J/m³, $K_{u2}=1.44\times10^5$ J/m³ である。

G. 磁気共鳴

ここでは，広く物性研究に用いられている磁気共鳴について述べる。4.5 節で述べたように，不完全殻構造をもつ原子またはイオンの磁気モーメントは (4-50) 式

$$\boldsymbol{\mu} = -g(\mu_B/\hbar)\boldsymbol{J} \tag{G-1}$$

で表される。$\boldsymbol{J}$ はその原子またはイオンの全角運動量，μ_B ($=\mu_0 e\hbar/2m_0$) は (4-39) 式で与えられるボーア磁子，g は g 因子とよばれる原子あるいはイオンについての定数である。

したがって，原子核の磁気モーメントは

$$\boldsymbol{\mu}_N = -g_N(\mu_N/\hbar)\boldsymbol{I} \tag{G-2}$$

で表される。$\boldsymbol{I}$ はその原子核の全角運動量で角スピンとよばれる。g_N は原子核についての定数，μ_N ($=\mu_0 e\hbar/2m_P$) は核磁子 (nuclear magneton) とよばれる定数である。原子の場合には

$$J^2 = j(j+1)\hbar^2, \quad j = 0, 1/2, 1, 3/2, 2, 5/2, \cdots$$
$$J_z = m_j\hbar, \quad m_j = -j, -(j-1), -(j-2), \cdots, j-1, j$$

で与えられるように，原子核の場合は

$$I^2 = i(i+1)\hbar^2$$

$i = 0, 1, 2, \cdots$　　　陽子数＋中性子数＝偶数，

$i = 1/2, 3/2, 5/2 \cdots$　　陽子数＋中性子数＝奇数，

$I_z = m_i \hbar$,　$m_i = -i, -(i-1), -(i-2), \cdots\cdots, i-1, i$

の値をとり得る．

いずれの場合も，磁場がないときは基準状態ではエネルギーは1つに限られるが，磁場 H の下では磁気モーメント $\boldsymbol{\mu}$ または $\boldsymbol{\mu}_N$ の粒子はエネルギー $E = -\boldsymbol{\mu}\cdot\boldsymbol{H}$ または $-\boldsymbol{\mu}_N\cdot\boldsymbol{H}$ をもつので，原子またはイオンのときは

$$E(m_j) = +g\mu_B H m_j, \tag{G-3 a}$$

原子核では

$$\varepsilon(m_i) = -g_N \mu_N H m_i \tag{G-3 b}$$

となる．m_j または m_i の値によってエネルギーが異なり，図 G-1 に示すように，基準状態はそれぞれ $(2j+1)$ 個または $(2i+1)$ 個の準位に分かれ，準位間の間隔は原子またはイオンでは $g\mu_B H$，原子核では $g_N\mu_N H$ である．

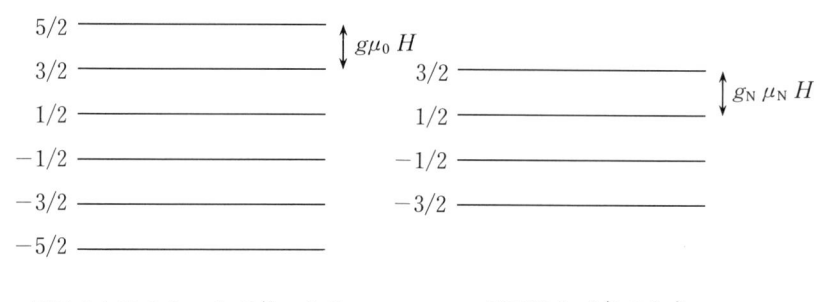

```
5/2  ─────────         ↕ gμ₀H
3/2  ─────────              3/2  ─────────
1/2  ─────────              1/2  ─────────      ↕ g_N μ_N H
-1/2 ─────────             -1/2  ─────────
-3/2 ─────────             -3/2  ─────────
-5/2 ─────────

  原子またはイオン $j = 5/2$ のとき       原子核 $i = 3/2$ のとき
```

図 G-1　原子またはイオンおよび原子核におけるエネルギーの分裂

この状態で外から電磁波が当たると，そのエネルギー $\hbar\omega$ がちょうどエネルギー準位の間隔に等しいとき吸収が起こり，粒子はすぐ上のエネルギー準位へ移る．逆の場合は電磁波の吸収が起こる．この現象を**磁気共鳴** (magnetic resonance) という．共鳴の起こる角周波数は原子またはイオンの場

合

$$\omega_e = \frac{g\mu_B H}{\hbar} = g\frac{e}{2m_0}H, \qquad \text{(G-4 a)}$$

原子核の場合

$$\omega_N = \frac{g_N \mu_N H}{\hbar} = g_N \frac{e}{2m_P}H \qquad \text{(G-4 b)}$$

である．前者を**電子スピン共鳴**（electron spin resonance；ESR），後者を**核磁気共鳴**（nuclear magnetic resonance；NMR）とよんでいる．$g=2$として，角周波数は ESR の場合 $\omega_e^{(mc)}=2.80H$（Oe），NMR の場合 $\omega_P^{(kc)}=4.26H$（Oe）となり，普通の磁場 $H=5000$ Oe の下では $\omega_e=14,000\,mc$ で超短波の電磁波，$\omega_P=21,3000\,kc$ で通信短波の電磁波となる．したがって，図 G-2（a）のように一様な磁場中に試料を置き，これに垂直に電磁波を送っ

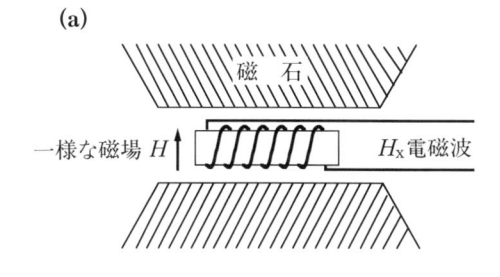

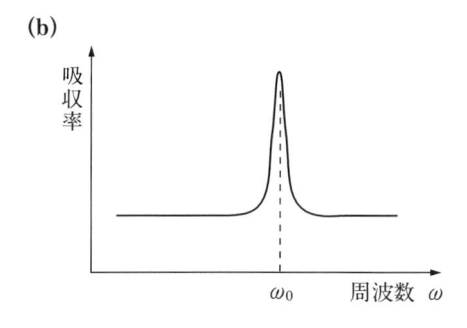

図 G-2 磁気共鳴装置（a）と磁気共鳴による電磁波の吸収スペクトル（b）の模式図

てその角周波数を変えていくと，周波数 ω_e または ω_N のところで急に吸収が増大し，それを過ぎるとまた吸収が減少する．この間の様子を図 G-2(b) の吸収スペクトルに示す．

この磁気共鳴法によれば，試料内の原子またはイオンあるいは原子核がうけている磁場の強さ H が分かっていれば，ω_e または ω_N を測定することで g または g_N が分かる．逆に，g または g_N が分かっていれば，その原子またはイオンがうけている磁場あるいは原子核がおかれているところでの磁場が分かる．この方法で固体内の磁場の様子や内部構造に関する手懸りが得られる．

実際の実験方法としては，磁場 H を一定にしておいて，電磁波の周波数 ω を変化させる上述の方法と，電磁波の周波数 ω を一定にしておいて磁場 H を変化させて吸収を測り

$$H_e = \frac{\hbar\omega}{g\mu_0} \quad \text{または} \quad H_N = \frac{\hbar\omega}{g_N\mu_N}$$

における共鳴を観測する方法とがある．

H. 磁性の単位について

H.1 MKSA 単位系と cgs 単位系

磁性を勉強する場合に，最初に突き当たるのが単位系の複雑さである．現在，磁気量に関しては少なくとも3種類の単位系が用いられており混乱を招きやすい．歴史的に見ると，電磁気の単位として，cm, g, s を基本とする cgs ガウス系が古くから使われており，電気量には cgs 静電単位系（cgs・esu）が，磁気量には cgs 電磁単位系（cgs・emu）が用いられてきた．これは，cgs 静電単位系では電気量に関する単位は使いやすいが，磁気量に関する単位は使いにくく，cgs 電磁単位系では逆に電気量の単位は使いにくく，磁気量の単位は使いやすいといった事情による．物質の磁性に関しては，cgs 電磁単位系でのデータや文献が多く，いまだに講演や論文でも cgs 電磁

H. 磁性の単位について

単位系が用いられることが多い．統一的な国際単位系（SI系）としてm, kg, s, Aを基本単位とするMKSA単位系が推奨されているが，これにもEB対応系とEH対応系があり，磁気モーメントや磁化の単位が異なる紛らわしさがある．同じMKSA系でも，EB対応系は磁気モーメントや磁化はcgsガウス系との数値的対応はよいが，電磁気学との対応においてはEH対応系を用いたほうが形式的に分かりやすい．わが国ではEH対応系を採用している教科書が多い．本書では電磁気学と対応させながら話を進めるために，電磁気学との対応がよいEH対応系を用いた．この間の事情を以下に簡単に説明する．なお，磁性の単位系については，巻末にあげた岡本祥一著「磁気と材料」に詳しい解説がある．

4.2節で述べたように，磁気モーメントμはループ電流の大きさI [A]とループの面積A [m^2]の積$I\cdot A$に比例する．ところが，EB対応系とEH対応系で磁気モーメントの定義が異なっている．EB対応系では，磁気モーメントμは

$$\mu_{EB} = IA \quad [\text{A} \cdot \text{m}^2] \tag{H-1}$$

で表される．磁化M_{EB}の単位は[A/m]で，磁場H_{EB}と同じになる．磁化の1 [A/m]=10^{-3} [G]とガウス系との数値的対応がよい．一方，EH対応系では，比例係数に真空の透磁率μ_0（$=4\pi \times 10^{-7}$ [m・kg/s^{2}A^2]）を導入し，磁気モーメントは

$$\mu_{EH} = \mu_0 IA \quad [\text{Wb} \cdot \text{m}] \tag{H-2}$$

で与えられる．磁化M_{EH}の単位は[Wb/m^2]となり，磁束密度B_{EH}と同じ単位になる．1 [Wb/m^2]=$10^4/4\pi$ [G]とガウス系とは数値が異なる．

電束密度Dは外部電場Eと電気分極Pによる項からなり，(4-5)式

$$D = \varepsilon_0 E + P \tag{H-3}$$

で表される．EH対応系では電気分極Pに対応する磁気分極は単位体積あたりの磁気モーメント，すなわち磁化Mになる．したがって，磁束密度Bは(4-6)式で示したように外部磁場Hと物質の磁気分極Mによる項からなり

$$B_{EH} = \mu_0 H_{EH} + M_{EH} \tag{H-4}$$

と，(H-1)式と同じ形で表される．一方，EB 対応系では

$$B_{EB} = \mu_0 H_{EB} + \mu_0 M_{EB} \tag{H-5}$$

と(H-3)式と別の形になり，EH 対応系の方が分かりやすい．

H.2 MKSA 系と cgs ガウス系との単位の変換

前述のように，磁性の分野では，MKSA 系の EB 対応系あるいは EH 対応系，ならびに cgs ガウス系の 3 種類の単位系が混用されている．そこで，これらの単位の変換について簡単に述べる（便宜上 cgs ガウス系は以下ガウス系と略す）．

【磁場 H】

磁場 H の単位は EB 対応系も EH 対応系も同じ [A/m] である．ガウス系の磁場の単位 [Oe] は EB 対応および EH 対応系の磁場の $10^3/4\pi$ 倍で，1 [Oe]=$10^3/4\pi$ [A/m]≒79.6 [A/m] である．強磁場に対しては MKSA 系の磁場 H の単位は小さすぎるので，磁束密度 B（$=\mu_0 H$）を用いることが多い．例えば，超伝導磁石の発生磁場は 5 テスラ [T] などという．ガウス系の磁場の 1 [Oe] は磁束密度 1 [G] である（1 [G]=10^{-4} [T]）．MKSA 系の磁場では 4 [MA/m]，ガウス系の磁場では 50 [kOe] に相当する．

【磁化 M】

EB 対応系の磁化 M_{BE} と EH 対応系の磁化 M_{EH} は(H-1)，(H-2)式から

$$\mu_0 M_{EB} = M_{EH} \tag{H-6}$$

の関係にある．ただし，μ_0 は真空の透磁率（$4\pi \cdot 10^{-7}$ [m·kg/s²·A²]）である．したがって，EH 対応系での磁化の 1 [Wb/m²] は EB 対応系での磁化の $10^7/4\pi$ [A/m] に等しい．また，EH 対応系での磁化の 1 [Wb/m²] はガウス系では $10^4/4\pi$ [G]=796 [G] に，EB 対応系での磁化の 1 [A/m] は 10^{-3} [G] に等しい．ちなみに，室温における Fe の自発磁化はガウス系では 1707 [G] であり，EB 対応系では 1707 [kA/m]，EH 対応系では

H. 磁性の単位について   *137*

2.15 [Wb/m²] となる．

【磁束密度 *B*】

　上述のように，EB 系および EH 対応系の磁束密度の単位はテスラ [T] で，1 [T]＝10⁴ [G] である．Fe の飽和磁束密度は，ガウス系では $4\pi\times$ 1707 [G]＝2.15×10⁴ [G] であるから，EB 系および EH 対応系で表すと 2.15 [T] となる．

【透磁率 *μ*】

　透磁率は磁束密度 *B* と磁場 *H* により，(4-11)式

$$\mu = B/H \tag{H-7}$$

で与えられる．ガウス系では，磁束密度 *B* の単位 [G] と磁場 *H* の単位 [Oe] は同じ単位 [g$^{1/2}$/cm$^{1/2}$·s] なので，μ は無名数となる．ちなみに，真空の透磁率 μ_0 は1である．EB および EH 対応系では磁束密度 *B* [T] と磁場 *H* [A/m] の単位が異なるため，透磁率は

$$\mu = B/H = [\text{T}]/[\text{A/m}] = [\text{Wb/m}^2]/[\text{A/m}] = [\text{Wb/m·A} = \text{H/m}]$$

と無名数でなくなる．しかし，4.2節で述べたように，真空の透磁率（$\mu_0=4\pi\times10^{-7}$ [Wb/m·A＝H/m]）を使って，比透磁率 μ_r（$=\mu/\mu_0$）を導入すれば無名数にすることができる．ガウス系の透磁率 μ_G は真空の透磁率 μ_0 [G]＝1とした場合の比透磁率と考えれば，ガウス系の透磁率 μ_G も EB および EH 対応系の比透磁率 μ_r も，すべて単位は同じ無次元で，同じ数値になる．

【磁化率 *χ*】

　磁化率 χ は磁化 *M* と磁場 *H* で，(4-8)式

$$\chi = M/H \tag{H-8}$$

のように定義される．ガウス系では磁化 *M* の単位 [G] と磁場 *H* の単位 [Oe] は同じ単位なので，磁化率は無名数となる．EB 対応系でも磁化 *M* と磁場 *H* の単位は同じ [A/m] なので，磁化率 χ_{EB} は無名数となるが，ガウス系とは異なる数値になる．ガウス系の磁化の1 [G] は 10³ [A/m]，磁場の1 [Oe] は 10³/4π [A/m] なので，EB 対応系での磁化率 χ_{EB} は

表 H-1 電気と磁気に関する単位の換算（岡本祥一：磁気と材料 より抜粋）

量	MKSA系		cgsガウス系		換算率
力 F	N（ニュートン）	$[m\cdot kg/s^2]$	dyn（ダイン）	$[cm\cdot g/s^2]$	1 $[N] = 10^5$ $[dyn]$
電流 I	A（アンペア）	$[A]$		esu $[cm^{3/2}g^{1/2}/s^2]$	1 $[A] = 3\times 10^9$ $[esu]$
電圧 V	V（ボルト）	$[m^2\cdot kg/s^3\cdot A]$		esu $[cm^{1/2}g^{1/2}/s]$	1 $[V] = 1/300$ $[esu]$
電気抵抗 R	Ω（オーム）	$[m^2\cdot kg/s^3\cdot A^2]$		esu $[s/cm]$	1 $[\Omega] = 1/(9\times 10^{11})$ $[esu]$
電気量（電荷）Q	C（クーロン）	$[A\cdot s]$		esu $[cm^{3/2}g^{1/2}s]$	1 $[C] = 3\times 10^9$ $[esu]$
電場 E		$[N/C]$		esu $[g^{1/2}/cm^{1/2}s]$	
電束密度 D		$[C/m^2]$		esu $[g^{1/2}/cm^{1/2}s]$	
電気分極 P		$[C/m^2]$		esu $[g^{1/2}/cm^{1/2}s]$	1 $[C/m^2] = 3\cdot 3\times 10^5$ $[esu]$
真空の誘電率 ε_0	8.854×10^{-12}	$[C^2/N\cdot m,\ F/m]$	1	$[無次元]$	
磁気量（磁荷）m	Wb（ウェーバー）	$[m^2\cdot kg/s^2\cdot A]$	emu	$[cm^{3/2}g^{1/2}s]$	1 $[Wb] = 10^8/4\pi$ $[emu]$
磁場 H		$[N/Wb,\ A/m]$	Oe（エルステッド）	$[g^{1/2}/cm^{1/2}s]$	1 $[Oe] = \times 10^3/4\pi$ $[A/m]$
磁束密度 B	T（テスラ）	$[Wb/m^2]$	G（ガウス）	$[g^{1/2}/cm^{1/2}s]$	1 $[G] = 10^{-4}$ $[T]$
磁気モーメント μ μ_{EB} μ_{EH} μ_G		$[A\cdot m^2]$ $[Wb\cdot m]$		$[G\cdot cm^3]$	1 $[G\cdot cm^3] = 10^{-3}$ $[A\cdot m^2]$ $= 4\pi\times 10^{-10}$ $[Wb\cdot m]$
磁化の強さ M M_{EB} M_{EH} M_G		$[A/m]$ $[Wb/m^2,\ T]$		$[G]$	1 $[G] = 10^{-3}$ $[A/m]$ $= 4\pi\times 10^{-4}$ $[Wb/m^2]$
磁化率 χ χ_{EB} χ_{EH} χ_G		$[無次元]$ $[Wb/A\cdot m,\ H/m]$		$[無次元]$	$\chi_{EB} = 4\pi\chi_G$ $\chi_r = 4\pi\chi_G$
真空の透磁率 μ_0	$4\pi\times 10^{-7}$	$[Wb/A\cdot m,\ H/m]$	1	$[無次元]$	

添え字EB, EH, GはEG対応系, EH対応系, ガウス系を, ガウス系でのesuは静電単位, emuは電磁単位であることを, また, χ_rは比磁化率を示す. Fはファラデー $[s^4A^2/m^2kg]$, Hはヘンリー $[Wb/A]$ を表す

$$10^3\ [\mathrm{A/m}]/(10^3/4\pi\ [\mathrm{A/m}])=4\pi$$

とガウス系の磁化率 χ_G の数値の 4π 倍になる．EH 対応系では，磁化 ***M*** と磁場 ***H*** の単位はそれぞれ $[\mathrm{Wb/m^2}]$，$[\mathrm{A/m}]$ なので，磁化率 χ_EB の単位は

$$[\mathrm{Wb/m^2}]/[\mathrm{A/m}]=[\mathrm{Wb/m\cdot A}=\mathrm{H/m}]$$

と真空の透磁率 μ_0 と同じ $[\mathrm{H/m}]$ となる．この場合も，比透磁率の場合と同じように μ_0 を用いて，比磁化率 χ_r（$=\chi/\mu_0$）を導入すれば，無名数にできる．EH 対応系では，比磁化率はガウス系の磁化率 χ_G の値の 4π 倍となる．

　代表的な電気および磁気に関する単位の換算を表 H-1 にまとめて示す．

参 考 書

青木昌治：応用物性論，朝倉書店，1977．

安達健五監修：金属の電子論1，同2，アグネ，1969．

岡本祥一：磁気と材料，共立出版，1998．

沖　憲典・江口鐵男：金属物性学の基礎，内田老鶴圃，1999．

キッテル：固体物理学入門 第2版，宇野良清・津屋　昇・森田　章・山下次郎 訳，丸善，1964；第7版 固体物理学入門（上・下），1998；C. Kittel: Introduction to Solid State Physics 2nd ed., John Wiley & Sons, Inc., 1956; Introduction to Solid State Physics 7th ed. 1996.

黒沢達美：物性論，裳華房，1984．

久保亮五：統計力学，共立全書，1976．

坂田　亮：物性科学，培風館，1989．

作道恒太郎：固体物理―電気伝導・半導体―，固体物理―磁性・超伝導―，裳華房，1984，1996．

近角聰信：強磁性体の物理（上）―物質の磁性―，裳華房，1978．

能勢　宏・佐藤徹哉：磁気物性の基礎，裳華房，1997．

ハチソン・ベアード：工業物性学要論，岩間義郎・野口精一郎 訳，アグネ，1964；T. S. Hutchison & D. C. Baird: The Physics of Engineering Solids, John Wiley & Sons, Inc., 1963.

花村栄一：固体物理学，裳華房，1986．

原島　鮮：物性論概説―統計力学を中心とした― 改訂版，裳華房，1967．

藤田英一：金属物理―材料科学の基礎―，アグネ技術センター，1996．

溝口　正：物性物理学，裳華房，1989．

モット・ジョーンズ：金属物性論（上）（下），吉岡正三・横家恭介 訳，内田老鶴圃，1978．

参 考 書

脇山徳雄：磁気，培風館，1999．

アイザック・アシモフの科学と発見の年表，小山慶太・輪湖 博 訳，丸善，2000．

岩波理化学辞典 第5版，長倉三郎他編集，岩波書店，1998．

物理学辞典 改訂版，物理学辞典編集委員会編，培風館，1992．

索　引

あ
アインシュタイン-プランクの関係…3
アヴォガドロ数 ………………70,76
アルカリ金属 …………………12,53

い
1価金属 ………………………45,54
移動度……………………………18
異方性エネルギー …………111,128
異方性定数 ……………………130

う
運動量空間(p空間)………………24

え
MKSA系…………………135,136
エネルギーギャップ ……41,42,45,51
エネルギー準位 ………4,8,21,35,132
エネルギー帯(エネルギーバンド)
　…………………36,46,51,55,91

お
オームの法則……………………15,124

か
カー効果 ………………………108
回転磁化過程 …………………112
外部磁場…………………………99,107
可逆磁化過程 …………………112

殻 ………………………………4
角運動量量子数………………4,79,125
核磁子……………………………131
核磁気共鳴 ……………………133
価電子……………………9,13,36,53
還流磁区 ………………………111
緩和時間 ………………………16,18

き
貴金属 …………………………54,78
基底状態 ………………4,126,132
軌道角運動量……………………81
軌道角運動量量子数 ……………125
軌道磁気モーメント……………79
逆スピネル ……………………120
ギャップ電場……………………125
キャリアー……………………17,48,49
キュリー温度(キュリー点)
　…………………………96,100,102
キュリー定数……………………85
キュリーの法則……………………85,116
キュリー-ワイスの法則(理論)
　…………………………97,98,102,116
強磁性(体)……70,96,98,107,114,116
許容帯 ……………………………41,51
禁止帯(禁制帯)……………………41,51
金属の低温比熱…………………30

く

クーロン引力 ……………………13, 34
クーロンの法則…………………………61
　　——(磁気に関する)………………62
群速度 ……………………………38, 49

け

原子核 ………………………………2
原子磁石(分子磁石)……………………61

こ

交換相互作用 …………105, 109, 122
　　——エネルギー …………………110
格子振動…………………………………18
合成緩和時間……………………………18
剛体球……………………………………13

さ

座標時間(q 空間)……………………25
3d 遷移金属 ……………………………56
散乱確率…………………………………18
残留磁化……………………96, 113, 120
残留抵抗…………………………………19

し

cgs ガウス系 …………………134, 136
cgs 静電単位系 ………………………134
cgs 電磁単位系 ………………………134
磁化過程 ……………………107, 112
磁化曲線 ……………………96, 109
磁化困難方向 …………………………109
磁化の強さ(磁化)
　　………66, 69, 83, 88, 96, 98, 135, 136
磁化容易方向 …………109, 128, 130
磁化率(帯磁率)
　　………………64, 69, 87, 96, 116, 137
磁気異方性 ……………………109, 128
磁気エネルギー(静磁エネルギー)
　　………………………………109, 110
磁気共鳴 ………………………………132
磁気モーメント(磁気双極子能率)
　　……61, 66, 69, 72, 78, 87, 91, 98, 116,
　　　　　　　　　119, 122, 131, 135
磁気分極…………………………………63
磁極(磁荷)………………………60, 61, 62
磁気量……………………………………61
磁気量子数………………………………4
磁区(構造) ……………106, 109, 111, 119
仕事関数…………………………………21
磁束密度 ……………………48, 63, 135, 137
磁場(磁界)………………………62, 65, 71, 136
自発磁化の強さ …………100, 104, 127
周期的ポテンシャル場………36, 37, 45
自由電子………………12, 14, 15, 46, 53
　　——論(モデル)……………14, 15, 46
充満帯 ………………………………37, 52
縮退………………………………………4, 35
主量子数…………………………………4
常磁性(体) …………70, 71, 78, 97, 116
　　——磁化率………………………82
状態密度………………………………23, 25
真空準位…………………………………34

す

数密度 …………………………15, 20, 26, 50
スピネル構造 ………………………118
スピン ……………8, 36, 79, 87, 91, 115, 122
スピン角運動量………………………80
　──量子数………………………81, 125
スピン磁気モーメント………………80
スレーター-ポーリング曲線 ………92

せ

正孔………………………………48, 55, 91
正常スピネル …………………………120
絶縁体…………………………………51
遷移元素(金属) …………………78, 89
全角運動量量子数 ……………………126

た

体心立方格子(構造) ………………13, 53
単磁極……………………………………61

て

デバイ温度……………………………29
デバイの比熱理論……………………29
電荷……………………………………61
電気素量……………………………2, 34
電気抵抗率………………………15, 124
電気伝導………………………………15
　──率………………………15, 17, 50, 124
電気分極………………………………63
電気量…………………………………61
電子…………………………………2, 48
　──ガス……………………………20
　──スピン共鳴 ……………………133
　──比熱………………………29, 46
伝導──………………………………14, 37
電束密度…………………………63, 125, 135
電場(電界)………………………15, 16, 62
伝導帯……………………………37, 45, 52
伝導電子………………………………14, 37
電流密度…………………………………17, 48

と

透磁率……………………………………64, 137
　──(真空の)……62, 135, 136, 137
ド・ブロイの関係……………………2, 37
ドリフト速度…………………………15

に

2価金属………………………………55

ね

ネール温度……………………………116
熱電子放射……………………………28
熱平衡(状態) ………………………16, 82

は

パウリの排他律 …8, 21, 23, 36, 51, 126
波数………………………………37, 41, 48
バルクハウゼン効果 ………………112
反強磁性(体)……………………71, 115, 120
反磁性(体) ……………………70, 71, 78, 89
　──磁化率……………………71, 76, 77
半導体…………………………………51
バンドギャップ………………………52

索　引

バンド構造……………………51
　　――(Ge の) ………………51
　　――(ダイアモンドの)………51
　　――(Fe の) ………………57
　　――(Cu の) ………………54
　　――(Na の) ………………53
　　――(Mg の) ………………56

ひ
ビオ-サヴァールの法則 ……………65
比磁化率……………………64,139
ヒステリシスループ……………96,114
比透磁率……………………64,137
比熱-温度曲線(純鉄の)…………104

ふ
フェライト ………………………120
フェリ磁性……………………71,118
フェルミ準位 ………………21,91
フェルミエネルギー ……21,26,55,92
フェルミ-ディラック統計 …………20
フェルミ-ディラックの分布関数 …22
フェルミ面……………………39
不可逆磁化過程 ………………112
不完全殻構造 ………………78,86
ブラッグ反射……………………39
ブラッグの条件……………………39
プランク定数……………………2
ブリルアンゾーン…………………41
ブリルアン関数………………83,127
分子磁場……………………99
分子場係数……………………99

フントの規則……………81,122,126

へ
閉殻(構造)………………9,13,71,74

ほ
ボーア磁子 ………………80,87,131
ボーアの原子模型 ……………3
ボーアの半径 …………………3
ホール効果………………………48
ホール定数(ホール係数)……49,50,55
飽和磁化……………………96,113
保磁力………………………96,113,120
ボルツマン定数……………………22
ボルツマン分布……………………23

ま
マグネタイト ……………………118
マティーセンの法則………………19

み
右ねじの法則……………………69

め
面心立方構造 ……………54,55,117

ゆ
有効質量 ……………………30,46
誘電率………………………64
　　――(真空の) ……………3,34,61

ら

ラーモアの歳差運動……………………73
ランデの g-因子 ………………81,131

り

リチャードソン-ダッシュマンの式
　　………………………………28
粒子性と波動性 ……………………2
量子化……………………79,80,82
履歴曲線……………96,113,114,120
　——現象 ……………107,112,119

る

ループ電流(環状電流)…………67,79

れ

励起状態 ……………………………4

ろ

ローレンツ力………………………49
六方最密構造………………………55

材料学シリーズ　監修者

堂山昌男	小川恵一	北田正弘
東京大学名誉教授	横浜市立大学学長	東京芸術大学教授
帝京科学大学名誉教授	Ph. D.	工学博士
Ph. D., 工学博士		

著者略歴　沖　憲典（おき　けんすけ）

- 1940 年　福岡県に生まれる
- 1964 年　九州大学工学部冶金学科卒業
- 1974 年　九州大学工学部助教授
- 1979 年　九州大学大学院総合理工学研究科助教授
- 1985 年　九州大学大学院総合理工学研究科教授
- 2001 年　九州大学名誉教授
  - 大分工業高等専門学校長　現在に至る
  - 工学博士

江口鐵男（えぐち　てつお）

- 1921 年　東京都に生まれる
- 1944 年　九州帝国大学理学部物理学科卒業
- 1963 年　九州大学工学部教授
- 1979 年　九州大学大学院総合理工学研究科教授
- 1984 年　九州大学名誉教授
- 1984～1992 年　福岡大学理学部教授
  - 理学博士

2003 年 10 月 20 日　第 1 版発行

検印省略

材料学シリーズ
金属電子論の基礎
初学者のための

著　者Ⓒ	沖　　憲　典
	江　口　鐵　男
発行者	内　田　　悟
印刷者	山　岡　景　仁

発行所　株式会社　内田老鶴圃ほ　〒112-0012 東京都文京区大塚 3 丁目 34 番 3 号
電話（03）3945-6781（代）・FAX（03）3945-6782

印刷・製本/三美印刷 K. K.

Published by UCHIDA ROKAKUHO PUBLISHING CO., LTD.
3-34-3 Otsuka, Bunkyo-ku, Tokyo, Japan

U. R. No. 528-1

ISBN 4-7536-5620-9 C3042

材料学シリーズ　　堂山昌男・小川恵一・北田正弘　監修　　各A5判

金属物性学の基礎　はじめて学ぶ人のために
沖　憲典・江口鐵男　著　144頁・本体2300円

本書は金属（材料）の物性をはじめて勉強しようとする学生を対象とし，初学者がつまずかないよう様々に配慮したテキストである．
原子の構造／結晶構造／弾性と格子振動／固体の比熱／付録

既刊書

金属電子論	水谷宇一郎著	上・276p.・3000円　下・272p.・3200円
結晶成長	後藤芳彦著	208p.・3200円
金属の相変態	榎本正人著	304p.・3800円
入門 結晶化学	庄野安彦・床次正安著	224p.・3600円
バンド理論	小口多美夫著	144p.・2800円
結晶電子顕微鏡学	坂　公恭著	248p.・3600円
X線構造解析	早稲田嘉夫・松原英一郎著	308p.・3800円
入門 表面分析	吉原一紘著	224p.・3600円
鉄鋼材料の科学	谷野　満・鈴木　茂著	304p.・3800円
結晶・準結晶・アモルファス	竹内　伸・枝川圭一著	192p.・3200円
人工格子入門	新庄輝也著	160p.・2800円
再結晶と材料組織	古林英一著	212p.・3500円
入門 材料電磁プロセッシング	浅井滋生著	136p.・3000円
高温超伝導の材料科学	村上雅人著	264p.・3600円
水素と金属	深井　有・田中一英・内田裕久著	272p.・3800円
セラミックスの物理	上垣外修己・神谷信雄著	256p.・3500円
オプトエレクトロニクス	水野博之著	264p.・3500円

材料工学入門 ―正しい材料選択のために―
アシュビー・ジョーンズ　共著　堀内　良・金子純一・大塚正久　共訳
A5判・376頁・本体4800円

材料工学 ―材料の理解と活用のために―
アシュビー・ジョーンズ　共著　堀内　良・金子純一・大塚正久　共訳
A5判・488頁・本体5500円

物質の構造 ―マクロ材料からナノ材料まで―
アレン・トーマス　共著　斎藤秀俊・大塚正久　共訳
A5判・548頁・本体8800円

セラミックス材料科学入門　基礎編・応用編
キンガリー・ボウエン・ウールマン　共著　小松・佐多・守吉・北澤・植松　共訳
基礎編　A5判・622頁・本体8800円
応用編　A5判・480頁・本体7800円